Margarita Gonzalvo-Cirac

Demografía

AF153142

Margarita Gonzalvo-Cirac

Demografía

Conceptos e Indicadores Básicos para Geografía de la Población

Editorial Académica Española

Impressum / Aviso legal
Bibliografische Information der Deutschen Nationalbibliothek: Die Deutsche Nationalbibliothek verzeichnet diese Publikation in der Deutschen Nationalbibliografie; detaillierte bibliografische Daten sind im Internet über http://dnb.d-nb.de abrufbar.
Alle in diesem Buch genannten Marken und Produktnamen unterliegen warenzeichen-, marken- oder patentrechtlichem Schutz bzw. sind Warenzeichen oder eingetragene Warenzeichen der jeweiligen Inhaber. Die Wiedergabe von Marken, Produktnamen, Gebrauchsnamen, Handelsnamen, Warenbezeichnungen u.s.w. in diesem Werk berechtigt auch ohne besondere Kennzeichnung nicht zu der Annahme, dass solche Namen im Sinne der Warenzeichen- und Markenschutzgesetzgebung als frei zu betrachten wären und daher von jedermann benutzt werden dürften.

Información bibliográfica de la Deutsche Nationalbibliothek: La Deutsche Nationalbibliothek clasifica esta publicación en la Deutsche Nationalbibliografie; los datos bibliográficos detallados están disponibles en internet en http://dnb.d-nb.de.
Todos los nombres de marcas y nombres de productos mencionados en este libro están sujetos a la protección de marca comercial, marca registrada o patentes y son marcas comerciales o marcas comerciales registradas de sus respectivos propietarios. La reproducción en esta obra de nombres de marcas, nombres de productos, nombres comunes, nombres comerciales, descripciones de productos, etc., incluso sin una indicación particular, de ninguna manera debe interpretarse como que estos nombres pueden ser considerados sin limitaciones en materia de marcas y legislación de protección de marcas y, por lo tanto, ser utilizados por cualquier persona.

Coverbild / Imagen de portada: www.ingimage.com

Verlag / Editorial:
Editorial Académica Española
ist ein Imprint der / es una marca de
OmniScriptum GmbH & Co. KG
Heinrich-Böcking-Str. 6-8, 66121 Saarbrücken, Deutschland / Alemania
Email / Correo Electrónico: info@eae-publishing.com

Herstellung: siehe letzte Seite /
Publicado en: consulte la última página
ISBN: 978-3-659-08278-8

Zugl. / Aprobado por: Tarragona, Universitat Rovira i Virgili, trabajo posdoctoral, 2013

Con Piedad...

1. Introduccción

La Geografía de la Población es una disciplina con múltiples posibilidades descriptivas y explicativas a escala mundial, territorial y otros espacios urbanos y locales. Necesita de la Demografía, ciencia que estudia la población, en su dinámica (migraciones, nacimientos, defunciones) y en su estructura (edad y sexo), para poder desarrollar y armonizar sus conclusiones.

Las cuestiones relativas a la diversidad poblacional preocupan cada vez más a los estados: migraciones, evolución de enfermedades, aspectos relacionados con la constitución de la familia y la sociedad, impacto con el medio ambiente; agrupaciones urbanísticas... A pesar del protagonismo demográfico, también en los medios de comunicación; a la hora de tomar decisiones legislativas y políticas se observa una constante disociación entre la utilización de los conceptos demográficos y el escaso impacto académico de esta materia.

Por otra parte la Demografía, ciencia de la población, es para todo tipo de usuarios: ciudadanos que la utilizan con fines de ordenación y gestión territorial, los que la utilizan para entender mejor las distintas sociedades, culturas y comportamientos demográficos, como para los que realizan una alta investigación cuyo fin o medio es la demografía (Gozálvez, 1998).

La formación e información demográfica debe basarse cada vez más en conceptos básicos subrayando su parte fundamental y vertebrada en conceptos altamente científicos y pedagógicos. También la difusión de la información, en medios de comunicación, la utilizada por los políticos y en otros sectores empresariales, ciudadanos e institucionales necesita de una claridad de conceptos e indicadores anclados en la realidad demográfica para hacer una coherente descripción de la geografía de la población.

Este breve manual concreta los conceptos e indicadores básicos necesarios demográficos para hacer una geografía de la población. Los tales conceptos e indicadores han de ser mostrados cada vez con más amplitud y ser más accesibles a la comprensión adecuada de todos los ciudadanos.

Una vez realizada una descripción básica de la geografía de la población se pueden aplicar las técnicas de la llamada Demografía Espacial (Matthews y Parker, 2013) –futuro de la demografía- que provocaría avances para mejorar la descripción y la explicación de la mejor Geografía.

Por otra parte, establecer unas buenas bases geográficas de la población conlleva a una interpretación adecuada y coherente de la realidad y a un estudio acertado de las relaciones con otras ciencias como puede ser la sociológica, medio ambiente, sanitaria y de salud pública, económica, política, etc, necesarias para conocer el presente y avanzar hacia el futuro.

En esta investigación que se presenta la propuesta de conceptos básicos viene acompañada de un estudio concreto y localizado sobre Geografía de la Población en el territorio de la provincia de Tarragona (España). La comparación de los datos se plantea de forma espacial con Cataluña y con España y la comparación en el tiempo para todo el siglo XX y primera década del siglo XXI. El estudio espacial, la provincia, ha sido de obligada elección ya que la información de los datos viene así encapsulada para todo el calendario elegido.

Principal en Geografía de la población y en Demografía es hacer un estudio crítico de las fuentes de datos utilizadas (Vidal, 1992; Puyol, 2001 y Pujadas, 1982) el censo, los registros civiles y el movimiento de la población y cualquier otra fuente utilizada. Necesario es escoger los datos de fuentes sólidas y reconocidas internacionalmente y con fuerte componente crítico. Posteriormente, es necesario unificar los conceptos como se señalan en el posterior estudio y calcular los excelentes indicadores necesarios para la descripción geográfica de la población.

El proceso de transición demográfica describe el cambio experimentado por la población desde un régimen de alta natalidad y alta mortalidad a un régimen de baja natalidad y baja mortalidad. Entre medio tiene lugar la fase transicional propiamente dicha, causada normalmente por un declive de la mortalidad anterior a la caída de la natalidad, por lo que se produce mientras tanto un crecimiento significativo de la población. Esta teoría o marco conceptual se formula entre los años 1930 y 1945 sobre una base empírica bastante concreta, limitada en el espacio, para algunos países de Europa.

Malthus es reconocido públicamente por ser el primer estudioso preocupado por el aumento de la población a finales del siglo XVIII en Inglaterra y relacionar el tema poblacional con los recursos materiales; sin embargo aunque durante el siglo XX el crecimiento de la población mundial ha alcanzado *records* anteriormente considerados inalcanzables; si Malthus volviera a nacer, se quedaría altamente sorprendido de cómo sus teorías sobre el crecimiento de la población mundial han quedado totalmente incumplidas. En este sentido, la contribución de la reducción de la mortalidad al crecimiento de la población ha sido fundamental. Como consecuencia de dicho descenso de las defunciones, la población española, la de Cataluña y la de la provincia de Tarragona ha tenido una tendencia positiva durante todo el período analizado.

Para llegar a la conclusión anterior es necesario un recorrido marco que caracteriza a la Demografía y formará la Geografía de la Población de un territorio o lugar determinado y su relación con otros:

1) En primer lugar se realizará una breve descripción de la zona geográfica estudiada (sección 2), destacando los rasgos más importantes que pueden afectar a la población: la situación geográfica con respecto a otras áreas geográficas y las grandes variaciones interiores que vienen muy determinadas por el clima y el relieve y que han creado una evolución muy distinta en cuanto

a la economía, la sociedad, la política, la población entre unas zonas y otras y en el mismo interior de un territorio…

2) A continuación se describirán las características y evolución de la población de la zona estudiada que es lo que forma parte de la sección 3, 4 y 5:

- Breve descripción del crecimiento de la población de una localidad, territorio o estado en relación a ella misma y con otras zonas a comparar.

    1. Los movimientos migratorios.

    2. La población por grandes grupos de edad.

    3. La estructura por sexo y edad de la población: pirámides de población.

    4. La distribución de la población en el interior del territorio: por ejemplo, el crecimiento desigual de la población a nivel interior; las diferencias de densidad de población entre comarcas o territorios y una breve descripción de las causas de la desequilibrada distribución de la población en la provincia de Tarragona y evolución histórica en el siglo XX.

-Evolución de los nacimientos y la fecundidad: evolución de los nacimientos en número absoluto, descripción de la evolución de la tasa bruta de natalidad y la evolución y comparación del índice sintético de fecundidad.

-La evolución de la mortalidad: en cuanto al número total de defunciones; la tasa bruta de mortalidad; breves características de la mortalidad por edad; la evolución de la mortalidad infantil y la esperanza de vida al nacer, a distintas edades…

3) Finalmente, se analizan los resultados, se discuten y se comparan con otras zonas y literatura existente sobre el tema y se aportan unas conclusiones generales sobre la introducción y objetivos previstos.

2. El marco físico: la provincia de Tarragona

La provincia de Tarragona es la más meridional de Cataluña (figura 2.1) y está situada estratégicamente (bañada por tierra y por mar, escondida de los vientos y sin ser frontera con territorio extranjero), poseyendo además una larga historia con un pasado remarcable ya desde la época de la Imperial Tarraco, lo que confiere un gran carácter histórico y geográfico. Limita con las provincias de Castellón, Teruel, Zaragoza, Lleida, Barcelona, y con el mar Mediterráneo.

Figura 2.1: Mapa de la provincia de Tarragona dentro de Cataluña y de España

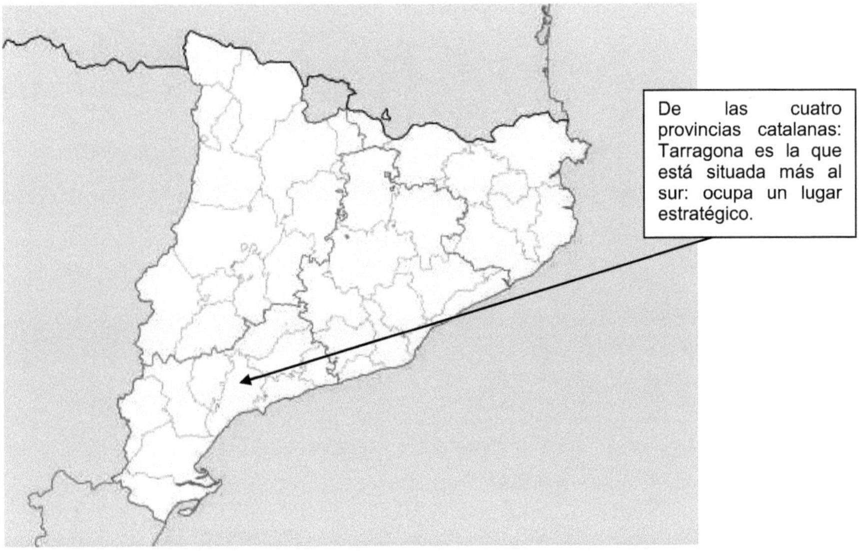

De las cuatro provincias catalanas: Tarragona es la que está situada más al sur: ocupa un lugar estratégico.

Fuente: CatalunyaLoc.svg.

La provincia ha sido dividida en diez comarcas por la Generalitat de Cataluña (figura 2.2): Tarragonés, Baix Camp, Alt Camp, Conca de Barberà, Baix Penedés, Priorat, Ribera d'Ebre, Terra Alta, Baix Ebre y Montsià. Las cuatro últimas, que son las más occidentales, se suelen agrupar con la denominación de "Terres de l'Ebre" y tienen un carácter muy peculiar y diferente a las seis restantes comarcas, que se identifican con el concepto "Camp de Tarragona", si bien sólo el Tarragonés, el Baix Camp y el Alt Camp

5

conformarían propiamente esa comarca geográfica. El Baix Penedés sería una zona de transición y formaría parte de la macro-comarca geográfica del Penedés, que continúa en la provincia de Barcelona, mientras que la Conca de Barberà y el Priorat son comarcas interiores con características físicas y humanas muy diferentes a las predominantes en el Camp de Tarragona propiamente dicho.

Figura 2.2: Mapa de división comarcal y municipal y capitales comarcales. Provincia de Tarragona.

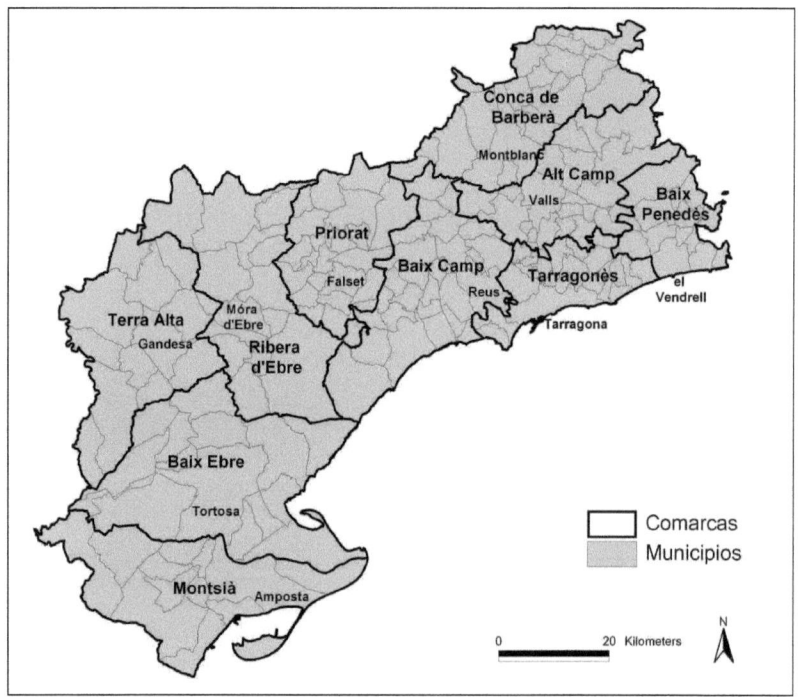

Fuente: Elaboración propia.

Lo más característico de la provincia de Tarragona son los contrastes en su interior, que vienen marcados fuertemente por el relieve y por el clima. Tarragona goza de clima mediterráneo, aunque con grandes variaciones de temperatura entre el litoral costero, con un clima suave, templado en invierno y caluroso en verano, y el interior con un clima continental mediterráneo, con inviernos fríos y veranos muy calurosos. Eso es lo que ha hecho que

6

aumentaran fuertemente las diferencias entre las comarcas: la zona litoral ha sido polo de atracción de industrias, servicios, población, etc., mientras que las comarcas interiores (Terra Alta, parte de Ribera d'Ebre, Priorat, Conca de Barberà y Alt Camp), salvo algún momento histórico importante, han quedado en un segundo plano, dedicadas predominantemente a las actividades agrarias.

La costa se caracteriza por ser rectilínea (a excepción de algunos puertos) y orientada hacia el sur, hasta la altura del puerto de Tarragona. Éste es el segundo mayor puerto de Cataluña y se extiende a lo largo de más de 5 kilómetros, antes de entrar en el Cabo de Salou. Las playas de esta zona toman el nombre de Costa Dorada en su vertiente turística. Hacia el sur la costa es de nuevo suave. El último gran accidente geográfico lo determina el Golfo de Sant Jordi y las tierras bajas del Delta del Ebro, donde se hallan islas y penínsulas, como las de la *Punta del Falgar* al norte y *La Banya* al sur, que queda unida al delta por la playa del Trabucador.

La provincia está compuesta por 183 municipios distribuidos entre las diez comarcas. Los municipios más extensos son Tortosa y Tivissa superando los 200 kilómetros cuadrados cada uno de ellos. El puerto de Tarragona se clasifica como el primer puerto comercial y de mercancías de España casi durante todo el siglo XX. La ubicación de la provincia de Tarragona en la orilla del Mediterráneo, formando parte de la Costa Dorada, con playas de aguas cálidas, así como sus centros de recreo y tradición histórica y patrimonio artístico, la convierten en un centro de atracción turística de primer orden, empezando por la capital, cuyo origen se remonta a la antigua Tarraco romana, capital de la *Hispania Citerior Tarraconensis*. El «Conjunto arqueológico de Tarraco» ha hecho que Tarragona sea considerada, junto a otras doce poblaciones españolas, Patrimonio de la Humanidad por la Unesco.

En el sur de la provincia el Delta del Ebro es la mayor zona húmeda de Cataluña, con una superficie de 320 km^2. Constituye uno de los hábitats acuáticos más importantes del Mediterráneo occidental. En el año 1983, la

Generalitat de Catalunya aprobó la creación del Parque Natural del Delta del Ebro, que ocupa las comarcas del Montsià (hemidelta derecho) y del Baix Ebre (hemidelta izquierdo). De las poblaciones que forman parte del hemidelta derecho, destaca Amposta. Del izquierdo, destaca la población de Deltebre.

3. La población de la provincia de Tarragona

Una vez descrito el marco geográfico se presentan brevemente unas pinceladas sobre el comportamiento demográfico en nuestra área elegida y algunas características peculiares que acaban definiendo a la población de la provincia de Tarragona.

La provincia de Tarragona, por su parte, ha pasado de 339.864 a 609.673 habitantes, con un crecimiento del 79,4% (tabla 3.1). La población española durante el siglo XX ha pasado de 18,6 millones censados en 1900 a los 40,5 millones del censo de 2001, es decir, una tasa de crecimiento del 117,7%. En Cataluña el crecimiento ha sido incluso mayor, pasando de 1.966.382 en 1900 a 6.343.110 en el último censo realizado (2001), con una tasa de crecimiento del 222,6%. Mientras Cataluña ve más que triplicar su población en el siglo XX, España la duplica y la provincia de Tarragona casi llega a duplicar la población que tenía en 1900.

Este aumento del número de habitantes se ha debido tanto al crecimiento natural de la población (nacimientos menos defunciones) como al crecimiento migratorio (diferencia entre inmigrantes y emigrantes), sobre todo en el caso de Cataluña y también en el de la provincia de Tarragona a partir de 1960. Esta provincia, a diferencia del conjunto de Cataluña y de España, también ha tenido periodos de crecimiento negativo, marcados por las crisis económicas de principios de siglo (1901-10 y 1921-30) y por la Guerra Civil española, que afectó al desarrollo del periodo 1930-40.

Tabla 3.1. Evolución de la población y crecimiento en números absolutos. España, Cataluña y Tarragona, 1900-2001.

	Población				Crecimiento		
	España	Cataluña	Tarragona	Período	España	Cataluña	Tarragona
1900	18.618.086	1.966.436	339.864				
1910	19.995.686	2.084.868	338.485	1901-1910	1.377.600	118.432	-1.379
1920	21.389.842	2.344.719	355.148	1911-1920	1.394.156	259.851	16.663
1930	23.677.794	2.791.292	350.668	1921-1930	2.287.952	446.573	-4.480
1940	26.014.750	2.890.974	339.299	1931-1940	2.336.956	99.682	-11.369
1950	28.118.057	3.240.313	356.811	1941-1950	2.103.307	349.339	17.512
1960	30.583.466	3.923.968	361.989	1951-1960	2.465.409	683.655	5.178
1970	34.040.657	5.107.503	433.101	1961-1970	3.457.191	1.183.535	71.112
1981	37.746.260	5.956.597	513.050	1971-1980	3.705.603	849.094	79.949
1991	38.872.268	6.059.494	542.004	1981-1990	1.126.008	102.897	28.954
2001	40.847.371	6.361.365	609.673	1991-2001	1.975.103	301.871	67.669

Fuente: Elaboración propia a partir de los datos censales publicados por el INE para España y por Idescat para Cataluña y Tarragona.

En efecto, el siglo XX se inicia en Tarragona con las consecuencias de la crisis de la filoxera de finales del siglo XIX; en esa época la industria tampoco se había desarrollado fuertemente en la provincia, por lo que era una zona de poca atracción de inmigrantes. Durante las décadas de 1910 y 1920 se produjeron grandes cambios positivos a nivel industrial y agrícola, pero el "crack" del banco de Reus en 1931 produjo a finales de la década de los años 20 y principios del 30 una nueva etapa de crisis económica. Finalmente, la Guerra Civil y el fuerte impacto que ésta tuvo en las tierras del sur bañadas por el río Ebro producen un nuevo periodo negativo para el crecimiento de la población en la provincia de Tarragona, que sólo se recuperará a partir de 1950 y, especialmente, con la llegada de inmigrantes de fuera de la provincia a partir de los años 60.

3.1. Los movimientos migratorios

España ha estado marcada por la emigración hasta mediados de la década de 1970, pasando posteriormente a ser considerada un país de inmigración: primero por el retorno de los antiguos emigrantes españoles, y después por la llegada de población de nacionalidad extranjera (Cabré, Domingo, Menacho, 2002).

Sin lugar a dudas para Cataluña, el papel de la inmigración es insustituible y fundamental para explicar el crecimiento de la población a lo largo de todo el siglo XX. Desde finales del siglo XIX y, sobre todo, a principios del siglo XX, Cataluña era "tierra de emigrantes". La emigración ultramarina fue muy importante y dejó su fisonomía en algunas comarcas catalanas, especialmente litorales. En cambio en el siglo XX, la inmigración contribuyó al crecimiento de la población (Cabré y Pujades, 1986). Esto fue así porque Cataluña se había convertido en la zona más industrializada de la península: en 1900, tenía el 27,7% de los activos ocupados en el sector secundario. En la década de los años 20, atraídos por una oportunidad de trabajo que ofrecía una peculiar situación geopolítica, comenzaron a llegar trabajadores de Aragón, Valencia y Murcia, entre las más destacadas provincias españolas. Este flujo se paralizó debido a la crisis económica y política de los años 30 y al posterior estallido de la Guerra Civil, seguido por la dura posguerra. La recuperación económica a partir de finales de los años 50 hizo que se reactivaran los flujos migratorios hacia Cataluña: hubo una segunda –y más importante– llegada de migrantes en las décadas 1955-75. En total Cataluña recibió unos tres millones de personas, básicamente procedentes del resto de España, entre 1915 y 1975 (Cabré, 1999).

Entre los períodos 1960-1980 y 1999-2007 es cuando se dan los movimientos migratorios de mayor envergadura en la provincia de Tarragona. En la primera etapa, la mayoría de los inmigrantes llegados a dicha provincia procedían de otras provincias españolas; en la segunda etapa, la inmigración es básicamente internacional. Entre 1960-80 de las 18 provincias españolas que recibieron inmigrantes, 5 de ellas permanecen inamovibles en el grupo de cabeza con mayor crecimiento inmigratorio. Son: Álava, Alicante, Baleares, Madrid y Tarragona (Cabré, Domingo y Menacho, 2002). Muy probablemente la industria, el turismo y el progresivo desarrollo del sector servicios en la provincia ejercen como foco de atracción de población inmigrante, convirtiéndose la inmigración en el principal factor de crecimiento de la población provincial entre 1960 y 1980 (tabla 3.2). Y ello tanto por la aportación directa de los recién llegados como por las transformaciones estructurales que provoca su llegada (rejuvenecimiento) y que inciden positivamente en la evolución del crecimiento natural de la población, que ya viene acompañado por un aumento de la natalidad y un descenso de la mortalidad

Tabla 3.2: Incremento quinquenal relativo de las provincias catalanas (por cien), 1961-1980.

	Crecimiento Total				Crecimiento Natural				Crecimiento Migratorio			
	1961-65	1966-70	1971-75	1976-80	1961-65	1966-70	1971-75	1976-80	1961-65	1966-70	1971-75	1976-80
Tarragona	10,27	8,01	11,28	7,37	3,19	3,51	3,78	4,07	7,08	4,5	7,5	3,3
Barcelona	17,03	16,66	10,76	6,13	6,13	6,69	6,83	4,93	10,9	9,97	3,93	1,2
Lleida	1,17	2,76	-0,18	2,61	4,18	3,3	2,33	2,35	-3,01	-0,54	-2,51	0,26
Girona	10,42	6,81	5,8	6,73	3,29	3,32	3,89	3,88	7,13	3,49	1,91	2,85

Fuente: Elaboración propia a partir de los datos publicados en Cabré, Moreno, Pujadas (1985).

En general, el aumento de población en la provincia de Tarragona entre 1970 y 2010 es generado por la inmigración. De entre todas las provincias catalanas, Tarragona es la que más crece en términos relativos por esta entrada de población, junto con Girona (figura 3.1).

Figura 3.1: Crecimiento migratorio relativo (por mil habitantes) de las provincias catalanas, 1961-2010

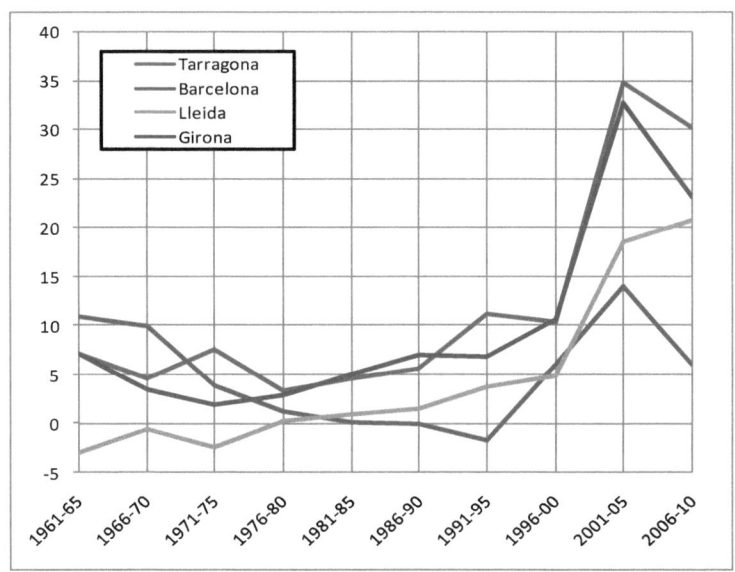

Fuente: Elaboración propia a partir de los datos publicados en Cabré, Moreno, Pujadas, (1985) hasta 1980 y por Idescat desde 1981 hasta 2010.

11

Como ha sucedido en el conjunto de Cataluña, la provincia de Tarragona lleva ligado a su proceso de crecimiento de la población características peculiares del desarrollo catalán: urbanización, industrialización e inmigración son tres palabras que resumen el crecimiento demográfico y económico llevado a cabo en la provincia y el Principado durante todo el siglo XX. Este proceso de crecimiento se ha considerado como el hecho demográfico y socio-económico más característico de Cataluña y afecta, como analizaremos, a la evolución de la mortalidad.

3.2. Población por grandes grupos de edad

A lo largo de todo el siglo XX la población de los tres ámbitos estudiados ha sufrido unas grandes transformaciones tanto en los elementos de su dinámica como en su estructura poblacional. Entre la multitud de cambios experimentados se observan grandes variaciones en los grupos de edad extremos (tabla 3.3), disminuyendo el peso demográfico de los grupos de edades más jóvenes (0-14) a más de la mitad –de proporciones en torno o superiores al 30% en 1900, a alrededor o inferiores al 15% un siglo después– y aumentando el de los más ancianos (de 65 y más años), que pasan de porcentajes vecinos al 5% a principios del siglo XX a un abanico entre el 15% y el 20% (mayor para las mujeres, inferior para los hombres) en 2001. Mientras tanto, se da un cierto estancamiento en la proporción de personas en edad adulta (15-64 años) en torno a valores situados entre el 60% y el 70%.

Tabla 3.3: Proporción de la población por grupos de edades. España, Cataluña y Tarragona, 1900 y 2001.

Proporción población		España 1900	Cataluña 1900	Tarragona 1900	España 2001	Cataluña 2001	Tarragona 2001
0-14 años	Hombres	36,47%	30,85%	32,29%	15,22%	15,54%	14,60%
	Mujeres	34,23%	29,58%	31,06%	13,85%	14,13%	14%
15-64 años	Hombres	59,10%	63,54%	61,34%	70,14%	69,64%	68,20%
	Mujeres	61,42%	65,37%	63,16%	66,81%	65,97%	66%
más de 65 años	Hombres	4,42%	5,62%	6,30%	14,64%	14,82%	16,30%
	Mujeres	4,35%	5,05%	5,70%	19,33%	19,91%	18,50%

Fuente: Elaboración propia a partir de los datos publicados en el Anuario Estadístico y los censos de población, INE.

Estas transformaciones en la estructura por edad de la población han sido denominadas como "proceso de envejecimiento" por los expertos, y se explica por los cambios experimentados por la dinámica demográfica a lo largo del siglo XX. El descenso de la natalidad, que causa un "envejecimiento por la base" (reducción del volumen de las cohortes más jóvenes) y la caída de la mortalidad o aumento de la esperanza de vida, que da lugar al denominado "envejecimiento por la cúspide" (aumento del tamaño de las cohortes de mayor edad) son las causas de este proceso.

Obviamente este cambio en la estructura de edad de la población es un reflejo de los cambios en la mortalidad. El paso de una mortalidad concentrada principalmente en las edades infantiles (menores de 5 años) a una donde los fallecimientos tienen lugar en su mayoría en edades avanzadas es, en líneas generales, la evolución de la mortalidad en el siglo XX tanto en Tarragona como en Cataluña y España.

3.3. La estructura por sexo y edad de la población de la provincia de Tarragona: pirámides de población

La historia de la población de la provincia de Tarragona, resumida en las pirámides de población en el momento censal, por grupos quinquenales, desde 1900 hasta la actualidad (figura 3.2), muestra la incidencia de la mortalidad, de la natalidad y de las diferentes pautas migratorias. Estos fenómenos explican la evolución y las modificaciones en la población. Así, la pirámide joven existente en 1900 refleja un régimen de mortalidad relativamente elevada y de natalidad también relativa alta, mientras que el éxodo rural y las migraciones de jóves-adultos fuera de la provincia también deben de haber producido su impacto en la estructura de edades de las primeras pirámides, así como el impacto de la Gripe de 1918, aunque al estar distribuidas sus consecuencias por diferentes grupos se notan menos.

A medida que disminuye la natalidad, la base de la pirámide se va estrechando progresivamente (años 1920 y 1930), mientras que el impacto de la Guerra Civil y la consiguiente merma de población, especialmente masculina en edad militar, así como la reducción del número de nacimientos de ambos sexos, se observa especialmente en la de 1940, pero también en todas las pirámides a partir de ésta. La recuperación de la población por los nacimientos del llamado el *baby boom* y por la llegada de inmigrantes procedentes del resto de España se muestra en las pirámides a partir de 1960. Los cambios experimentados por el descenso de los nacimientos, en la base de la pirámide, comienzan a observarse en la pirámide de 1981 y son espectaculares, sobre todo, en la de 1991; 2001 y 2010. Ni la posterior llegada de migración extranjera que, por su distribución de edad, se concentra entre los 20 y los 45 años, está pudiendo rellenar la pirámide truncada, de manera que podemos decir que, en el año 2001, la pirámide debería dejar de llamarse así para denominarse *rombo,* debido al impacto del fuerte descenso de la fecundidad a partir de la segunda mitad de los 70 y hasta mediados de los 90.

Figura 3.2: Pirámides de población por grupos quinquenales correspondientes a la provincia de Tarragona, 1900 a 1950.

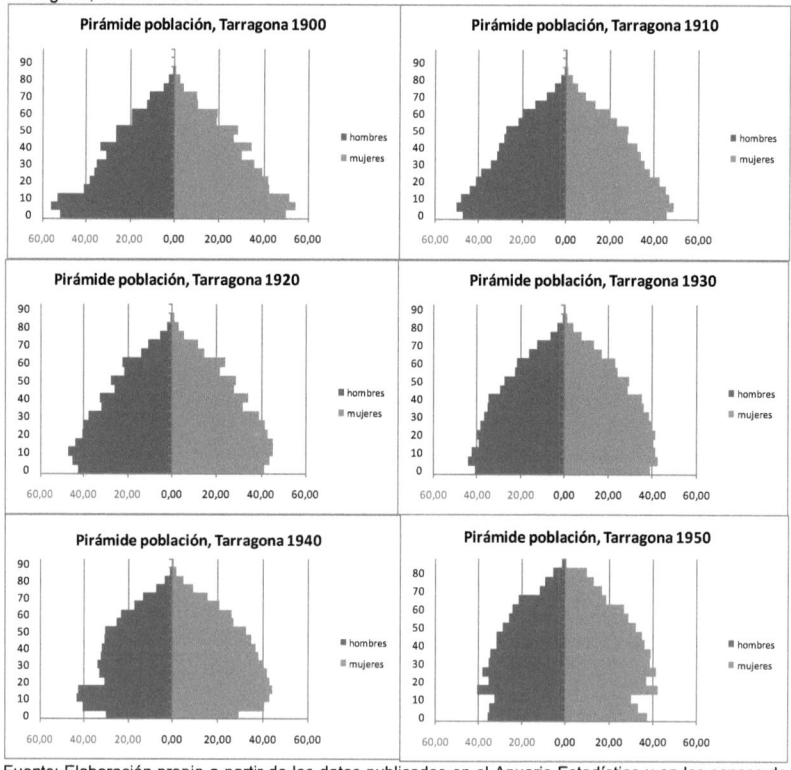

Fuente: Elaboración propia a partir de los datos publicados en el Anuario Estadístico y en los censos de población.

En resumen, la evolución de las pirámides muestra de manera muy evidente –además del impacto de la Guerra Civil– el descenso secular de la natalidad en Tarragona, que fue muy importante y se prolongó, con algunos vaivenes, durante todo el siglo XX. La última fase de descenso (la que empieza en la segunda mitad de la década de 1970) queda especialmente reflejada en las pirámides de 1991 y de 2001, mientras que la de 2010 ya refleja la recuperación de la natalidad de la primera década del siglo XXI gracias a la llegada de mujeres inmigrantes y a una cierta recuperación de la fecundidad de las mujeres españolas.

Figura 3.2 (bis): Pirámides de población por grupos quinquenales correspondientes a la provincia de Tarragona, 1960 a 2010.

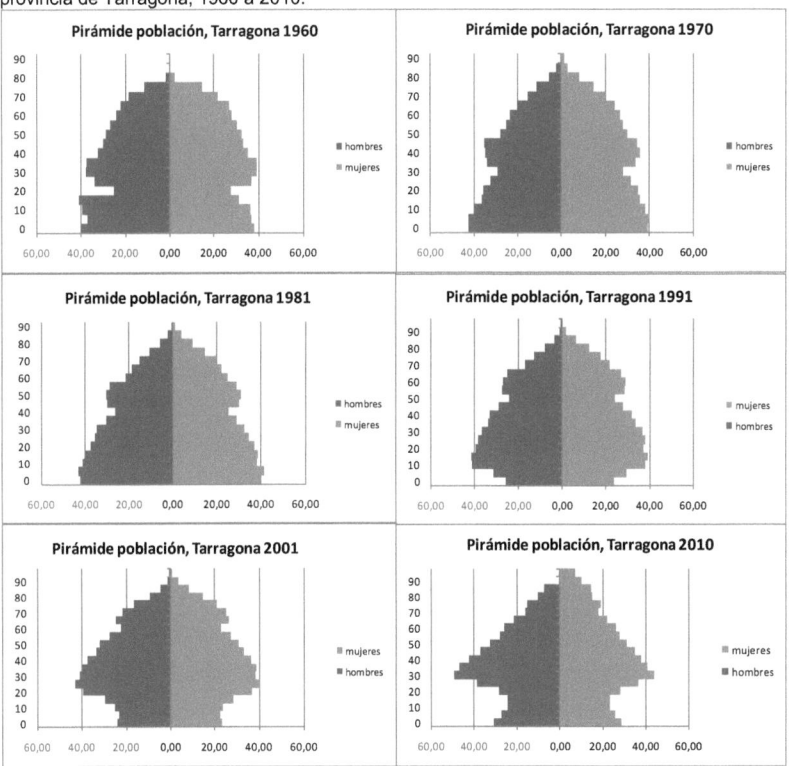

Fuente: Elaboración propia a partir de los datos publicados en el Anuario Estadístico y en los censos de población; para el 2010, los datos se han tomado del padrón provisional.

La evolución descendente de la mortalidad, aunque no llama tanto la atención, también está marcada en las pirámides tarraconenses, sobre todo en la cúspide: la pirámide de 1900 es mucho más achatada que la de 2010, puesto que, al alargarse en promedio la duración de la vida, esto hace que haya más supervivientes y que se vaya rellenando más la parte alta de la pirámide. Con el paso de los años, también se han ido borrando poco a poco los efectos que la Guerra Civil causó en las pirámides, tanto por los fallecidos – principalmente hombres– en el conflicto bélico como por la reducción de los nacimientos que éste comportó entre los años 1936 y 1939 y que, en 2010, más de 70 años después, apenas se notan.

3.4. La distribución de la población en el interior de la provincia de Tarragona

a) Crecimiento desigual de la población a nivel comarcal: interior hacia litoral

Las comarcas de la provincia presentan una distribución de la población muy desigual, con fuertes variaciones de densidad entre ellas y diferencias en la estructura de la población. La provincia de Tarragona casi duplica su población entre 1900 y 2001, pero mientras que algunas comarcas – las interiores: Conca de Barberà, Priorat, Ribera d'Ebre y Terra Alta– ven disminuir paulatinamente su número de habitantes durante todo el siglo XX, en otras aumenta la población considerablemente: en el Tarragonés se quintuplica, en el Baix Penedés y en el Baix Camp se triplica, casi se duplica en el Montsià, crece casi un 50% en el Baix Ebre y se mantiene prácticamente igual en el Alt Camp (tabla 3.4).

¿Cómo ha evolucionada este crecimiento por comarcas? Siguiendo a Recolons, (1976), la población del Tarragonés tuvo un crecimiento constante en el período 1900-50, el producido entre 1950-60 fue inferior al de Cataluña, pero superó al del periodo anterior. Fue durante el 1960-70 cuando se dio el mayor incremento, del 62%. El caso del Baix Camp es parecido al del Tarragonés, con un fuerte crecimiento entre 1960-65 y un aumento, aunque más suave, entre 1965-70. En la comarca del Alt Camp, entre 1900-60 decrece bastante su población, mientras que entre 1960-70 aumenta un 7,83 %, por debajo del de Cataluña.

Tabla 3.4: Población en las comarcas de Tarragona, 1900-2001, y crecimiento en el siglo XX.

	P1900	P2001	P1900-P2001
Alt Camp	34.556	36.407	1.851
Baix Camp	54.849	156.312	101.463
Baix Ebre	50.339	70.373	20.034
Baix Penedés	18.987	69.083	50.096
Conca de Barberà	26.631	19.401	-7.230
Montsià	36.071	60.728	24.657
Priorat	22.762	9.335	-13.427
Ribera d'Ebre	30.970	22.464	-8.506
Tarragonés	44.420	195.237	150.817
Terra Alta	27.946	13.058	-14.888
TOTAL	347.531	652.398	304.867

Fuente: Elaboración propia a partir de datos publicados por *Idescat*.

Las comarcas que más han aumentado su población desde 1860-1950 fueron Baix Ebre y Montsià en un 43,3 y un 30,16%, respectivamente; sin embargo, posteriormente, quedan estabilizadas: el Baix Ebre entre 1950-60 reduce su población y entre 1960-70 las dos comarcas experimentan un incremento muy pequeño. La Ribera d'Ebre pierde población en todo el período de este siglo excepto entre 1950-60. Finalmente, la Conca de Barberà, Priorat y Terra Alta se sitúan entre las comarcas con densidades de población más débiles en 1970 y con disminuciones de la población más fuertes de toda Cataluña, durante todo el siglo XX (Recolons, 1976).

A partir de 1975 y en especial en 1980, se estabiliza el crecimiento de la población por la crisis económica internacional. Alrededor de la ciudad de Tarragona se ha formado una *conurbación* que comprende Salou, Vila-Seca, Reus y otras ciudades litorales del Tarragonès y el Baix Camp (Roquer, 1987). La población inmigrada se concentra en la capital y en su conurbación, mientras que en los núcleos rurales de alrededor la población es escasa y

17

envejecida. La ciudad de Tarragona se puede considerar como la gestora de la estructura urbana y territorial de la provincia. El proceso de industrialización y la localización de las nuevas infraestructuras es lo que contribuye a la configuración del actual sistema demográfico y territorial, proceso llamado de "polarización espacial" (Roquer, 1987; Oliveras, 1989).

Entre 1991 y 2007 la población de la provincia vuelve a crecer por inmigración. Este crecimiento provocará un cambio en la estructura de la población en todas las comarcas de Tarragona: la caída de los mayores de 65 años y la consolidación de la población entre 15-65 años. El record absoluto de crecimiento de población por inmigración se produce en el Baix Penedés, que –gracias a su posición estratégica entre las áreas metropolitanas de Barcelona y Tarragona, ha visto crecer su población desde 1991 y hasta 2009 a un ritmo de 72,8 por mil; en el período 2001 a 2005 ha tenido el máximo incremento, pasando de 60 mil habitantes a casi 80 mil (Cabré, Domingo, 2007). La tasa de crecimiento anual acumulativo (figura 3.3) destaca por el crecimiento de esa comarca, seguida a cierta distancia, por el Tarragonés y el Baix Camp, con incrementos superiores al 30 por mil en 2001-2005. A concuación aparecen el Baix Ebre, el Montsià y el Alt Camp, con crecimientos superiores al 20 por mil. Finalmente, crecen a un ritmo menor la Conca de Barberà, el Priorat, la Ribera d'Ebre y la Terra Alta (estas 3 últimas comarcas incluso tuvieron un crecimiento negativo en la década de los noventa).

Figura 3.3: Tasa de crecimiento anual acumulativo, comarcas Tarragona, 1991-2005 (por mil)

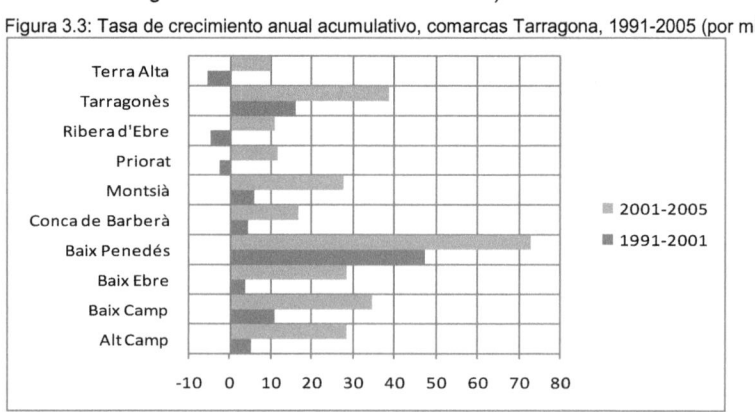

Fuente: Datos publicados por Cabré, Domingo, 2007.

18

En resumen, la dinámica general demográfica durante el siglo XX y principios del XXI en la provincia de Tarragona se desarrolla del siguiente modo: crecen en población las comarcas del litoral, tanto de la Costa Daurada (Tarragonés, Baix Camp y Baix Penedés) como del Delta del Ebro (Montsià y Baix Ebre), y crecen mucho menos e incluso disminuyen su población las comarcas más montañosas del interior como Alt Camp, Conca de Barberà, Priorat, Terra Alta y Ribera d'Ebre.

b) Diferencias de densidad de población entre comarcas

Esta dinámica divergente tiene su impacto en la densidad de población comarcal (tabla 3.5 y figura 3.4): partiendo de valores relativamente similares en 1900, las diferencias se han acentuado un siglo después, con contrastes extremos como el mínimo de Terra Alta, con 17,4 habitantes por km^2, y el máximo del Tarragonés, con 783,2 habitantes por km^2, seguido por el Baix Penedés y el Baix Camp.

Tabla 3.5: Densidad de población por comarcas en 1900 y en 2010.

	Densidad 1900	Densidad 2010
Alt Camp	82,02	84,2
Baix Camp	68,90	273,2
Baix Ebre	37,03	82,23
Baix Penedés	81,36	336,8
Conca de Barberà	42,23	33,81
Montsià	58,08	98,4
Priorat	56,27	20,4
Ribera d'Ebre	53,33	29,1
Tarragonés	91,83	783,2
Terra Alta	32,19	17,4

Fuente: Elaboración propia a partir de los datos publicados en el Anuario Estadístico de 1900 (INE) y datos de población de *Idescat*.

Algunas explicaciones a estas fuertes variaciones de población y de densidad en el interior de la provincia las encontramos en varios estudios realizados sobre la historia de Tarragona, de los que en esta tesis retomamos las obras de R. Recolons (1976) y J.M. Recasens (1998), que resumimos a continuación para elaborar un marco socio-económico que contextualice la evolución de la población a lo largo del siglo XX.

Figura 3.4: Representación gráfica de la densidad de población por comarcas en 1900 y 2010.

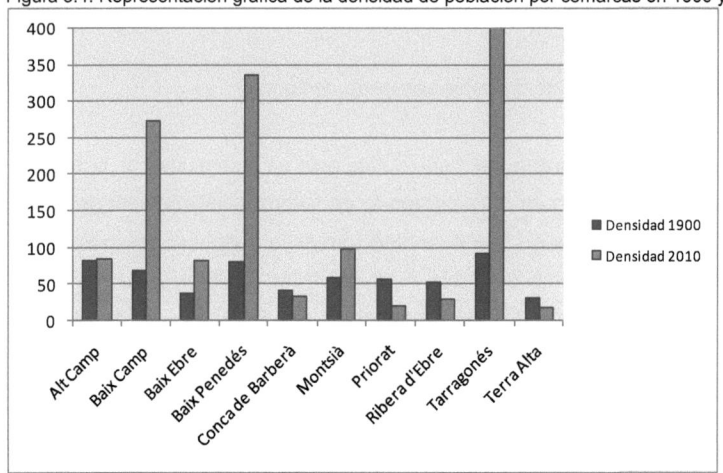

Fuente: Elaboración propia a partir de los datos publicados en el Anuario Estadístico de 1900 y datos población, *Idescat*.

c) Causas de la desequilibrada distribución de la población en la provincia de Tarragona y evolución histórica en el siglo XX

Empezando por las causas ligadas a la evolución agrícola: después de la crisis, agrícola e industrial, de la viña (finales del siglo XIX) muchas tierras del interior de Tarragona fueron, finalmente, abandonadas y convertidas en bosques o en "garrigues" (bosque mediterráneo degradado), iniciándose un progresivo despoblamiento. Se comienza a cultivar el algarrobo, el almendro y el avellano en las zonas de secanos del Camp de Tarragona y una buena parte del interior. Desde finales de 1910 el avellano se extiende por toda la "plana", desde 1920 hasta la Guerra Civil son los mejores años para su comercialización. El contratiempo vitivinícola se supera por el buen precio a que se venden las avellanas. La uva de la viña de "pie americano" es transformada en bebida alcohólica y se comercializa mediante la creación de Cooperativas de bodegueros. En el cultivo del olivo, la competencia con otros aceites vegetales mucho más baratos no afectó a la producción comarcal, ya que durante la década de 1920 hubo muy buenas cosechas y el comercio continuó prosperando de tal manera que entre 1910 y 1930 todos los que tenían olivos para producir aceite ven mejorar su economía.

De todas formas el campo, en las zonas del interior de Tarragona (Alt Camp, Conca de Barberà, Priorat, Ribera d'Ebre y Terra Alta) ya no recuperó su población. Desde 1900 los hombres y las mujeres que trabajaban en la agricultura se trasladan a buscar otras oportunidades en las ciudades cercanas, especialmente Tarragona capital, Reus y Tortosa. Desde antes de 1900 las mujeres activas de la provincia estaban trabajando, más del 50%, en el sector industrial (datos del INE para 1900 y para 1950). Hacia 1950 el porcentaje de la población activa en el sector primario femenino era igual que en 1900, lo que se puede interpretar como un cierto regreso de la mujer al campo en la dura posguerra. Para los hombres nunca se recuperó el alto porcentaje de trabajadores en el sector primario existente en 1900.

Por otra parte, configura también esa diversidad interior el modelo industrial desarrollado por la provincia de Tarragona: ésta participó poco en el proceso de industrialización catalán del siglo XIX, pero aunque su aportación fue puntual, se considera significativa, sobre todo para las mujeres de la provincia, por su participación en algunas industrias textiles y vinícolas que aprovechaban la especialización agrícola de la provincia y la existencia del puerto exportador de Tarragona. Las primeras décadas del siglo XX significaron para la industria de la provincia una continuación de las líneas dominantes de las décadas anteriores, especialmente en Reus y sus alrededores: expansión del sector metalúrgico, agravado por la crisis textil algodonera, y mantenimiento y diversificación del sector alimentario. En el interior de la provincia las industrias más importantes fueron las del aguardiente, los molinos de harina y de aceite, que representan un sector industrial tradicional, y las textiles, que experimentan una gran difusión hacia 1920 –por ejemplo, la de Santa Coloma de Queralt que era el tercer centro textil de la provincia después de Reus y Valls. En esta época tuvieron especial desarrollo las fábricas de alcohol, que aprovechan los subproductos de la vendimia, establecidas especialmente entre Montblanc y L'Espluga de Francolí. El comercio industrial tuvo un gran auge por la comercialización, entre otros productos, de los frutos secos. La avicultura, por su parte, aparece como actividad industrial en 1921 y conoce un notable crecimiento hasta la Guerra de 1936.

La quiebra del Banco de Reus en 1931 provocó pérdidas de ahorros comarcales, sobre todo en lo que respecta a las inversiones en agricultura. Este hecho se sumó a los flujos migratorios campo-ciudad de los años 20 y 30, cuando tanto hombres como mujeres comienzan a irse del campo para trabajar en las zonas industriales de la provincia. Realmente, lo que a principio de siglo había sido considerado como un inicio de éxodo rural del interior de la provincia de Tarragona hacia sus ciudades, se fue desarrollando durante las décadas siguientes y a partir de 1945 ya se había consolidado, produciéndose un incremento demográfico protagonizado por la industrialización de Tarragona capital y alrededores, Reus y otras zonas de la provincia.

Así, en 1932 se había instalado en la ciudad de Tarragona la fábrica de tabacos Tabacalera, generando puestos de trabajo y la consiguiente inmigración, especialmente de gentes de la misma provincia. Por su parte, el aeropuerto de Reus fue construido durante la Guerra Civil, teniendo un carácter predominantemente militar hasta la llegada del turismo y los vuelos "charter". Sin embargo, la implantación turística de la zona ya se produjo antes de la guerra 1936-39, comenzando en Salou, con la presencia de familias acomodadas de Reus, Barcelona y otras localidades. En el apartado de comunicaciones cabe destacar la gran importancia del puerto de Tarragona capital, pues su influencia va más allá de la comarca y se extiende hacia Lleida y el valle del Ebro.

En las Terres de l'Ebre, mientras tanto, sigue faltando la infraestructura y los equipamientos básicos para crear una gran zona industrial. Fue importante para el crecimiento de su población la fundación en la Ribera d'Ebre de la Electroquímica de Flix (1897), atrayendo a población de fuera. En la zona del Delta se produce un gran crecimiento de la población hasta 1920 por la construcción y puesta en servicio del Canal de la Izquierda (1908-1912) y la ampliación del área regada que permite la expansión del regadío del arroz. Esto solicitó una mano de obra para la cual la comarca era deficitaria. La falta de mano de obra se agravó por la gripe en 1918; en 1920-40 se produce, sin embargo, un gran crecimiento de la población, prueba de ello es la población de Tortosa y poblaciones colindantes en las primeras décadas del siglo XX. Hacia 1920 el Delta goza de una muy favorable demanda agrícola a causa de la I Guerra Mundial, la necesidad de arroz como alimento fundamental facilitó el bienestar económico de la población y la centralización del comercio en Tortosa.

En el conjunto de la provincia, entre 1940-50 se produce un crecimiento industrial ligado a la agricultura, productos alimentarios, confección textil, fabricación de muebles y construcción, que tienen su sede en las principales ciudades de la provincia, especialmente en Tarragona y Reus –la avicultura conoce un notable incremento hacia 1945, especialmente en la zona de Reus. El único sector tradicional que existía en aquellos momentos en el interior era la industria papelera de La Riba.

Las cooperativas que inicialmente elaboraban el vino y el aceite empiezan a comerciar en 1957 con frutos secos, y a partir de 1963 con otros productos. Desde las zonas del interior la comercialización se realiza mediante el ferrocarril y hasta 1940 con los "traginers" o arrieros, que con caravanas de carros transportan el vino de la Conca de Barberà a las plazas comarcales costeras, principalmente Reus. En este período se sigue manteniendo la viña como cultivo, teniendo buena comercialización fuera de las fronteras catalanas como cava. El resto de cultivos de la viña y del cereal tienen una significación pequeña dentro de la agricultura comarcal. La comercialización de la avellana decayó después de 1940 especialmente, coincidiendo con circunstancias adversas: climáticas, económicas y de productividad; provocando que el avellano fuera desplazado primero por los cereales, necesarios en aquellos momentos y después por la viña. Las extraordinarias heladas de 1944, las fuertes lluvias de 1946 produjeron muchos daños en la cosecha de uva; la fuerte "pedregada" (pedrisco) de 1955 y la helada de 1956 fueron perjudiciales para los olivos. La construcción del pantano de Siurana provocó el empobrecimiento de las comarcas interiores, se tuvieron que abandonar campos y la emigración hacia las zonas urbanas se incrementó rápidamente.

Desde la aparición de la filoxera, en el siglo XIX, los campos de las zonas montañosas de Tarragona no se han recuperado, debido a la tipología del terreno, duro y seco, difícil para la mecanización y el clima árido, acentuándose en esta zona el éxodo rural. La migración del campo a la ciudad, del interior montañoso al litoral, ha provocado una diferencia en la estructura por edad de la población; el envejecimiento de la población en las zonas interiores sobresale frente a la población con predomino de adultos y jóvenes de la costa. Desde principios del siglo XX se estudia la posibilidad de convertir los campos abandonados y de secano en regadíos, se perforan pozos convencionales y se extrae el agua desde grandes profundidades, pero ello no ha logrado revertir las tendencias demográficas.

La industria en el interior no ha tenido la pujanza que en la zona litoral, siendo en algunas zonas casi nula, por la falta de tradición, el deficiente suministro eléctrico, la falta de mano de obra especializada y la deficiente infraestructura de las comunicaciones.

Por el contrario, el Delta del Ebro tiene unas condiciones excepcionales para la producción agraria por la calidad de las tierras, el clima benigno y la abundancia de agua. Desde el punto de vista físico la salinidad de las tierras son un importante condicionante pero existen medios técnicos para controlar este problema. Estas tierras pueden ser consideradas las más rentables de toda Cataluña. Entre 1970-80 se construyen dos canales de riego y ramales, el 68% de las tierras son de regadío con alta productividad. Con estructura altamente mecanizada y especializada, con un sistema cooperativista que confiere operatividad a la propia estructura productiva y comercial comunitaria. A principios de siglo y entre 1950-1960 es una gran zona de inmigración. Sin embargo a finales del siglo XX la población decrece por no tener servicios adecuados y estar alejada de la capital de Cataluña y la de la provincia.

Figura 3.5: Las 10 localidades de Tarragona con mayor población en 1900 y en 2008.

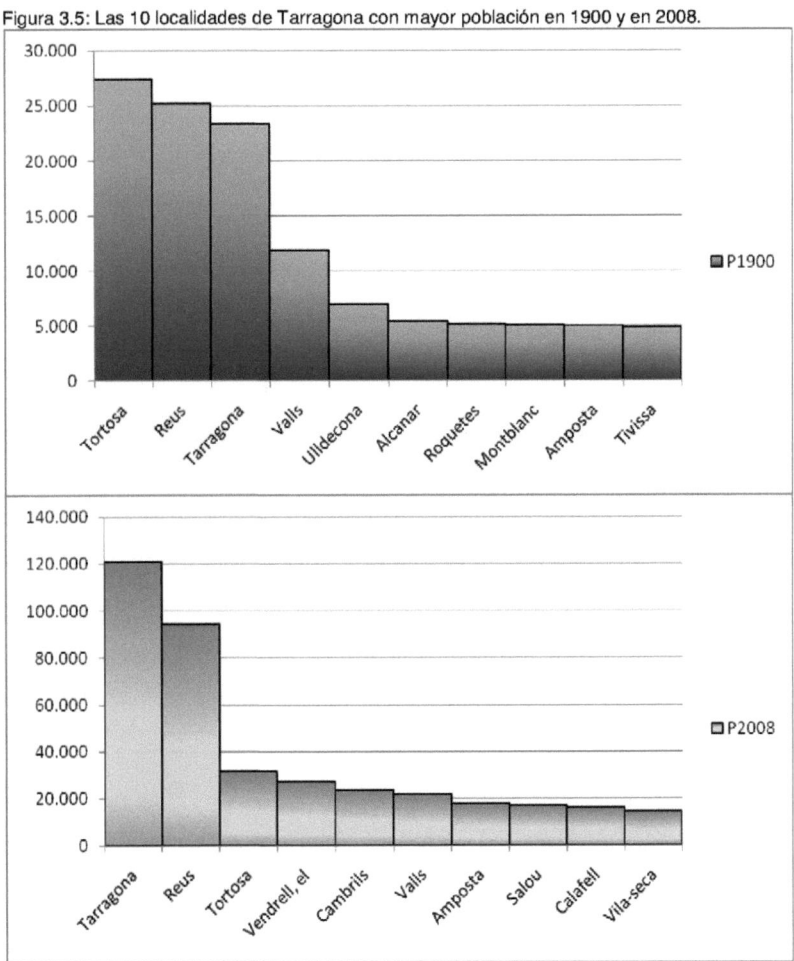

Fuente: Elaboración propia a partir de datos publicados por Idescat.

La provincia claramente se caracteriza porque existe en su interior una triple capitalidad demográfica durante todo el siglo XX: Tarragona, Reus y Tortosa (figura 3.5), que se han ido alternando en la categoría de municipio más poblado de la provincia. El fuerte crecimiento de Tarragona y Reus desde los años 60, comparado con el estancamiento de Tortosa, ha hecho que la provincia se caracterice actualmente por una co-capitalidad de facto, aunque Tortosa sigue situándose en tercer lugar. La influencia de estos tres municipios caracteriza de una manera decisiva la distribución y evolución demográfica de la provincia. Si sólo estos tres municipios ya contienen casi el 40% de la población de la provincia, a su alrededor y dentro de su zona de influencia también se sitúan municipios con más de 10.000 habitantes: Salou, Vila-seca, Cambrils, Calafell, junto a El Vendrell, Deltebre, Valls, Amposta y Sant Carles de la Ràpita, entre otros, la mayoría situados en la costa o muy cerca de ésta (figura 3.6).

Figura 3.6: Localización de los 10 municipios con más habitantes en 1900 y 2010.

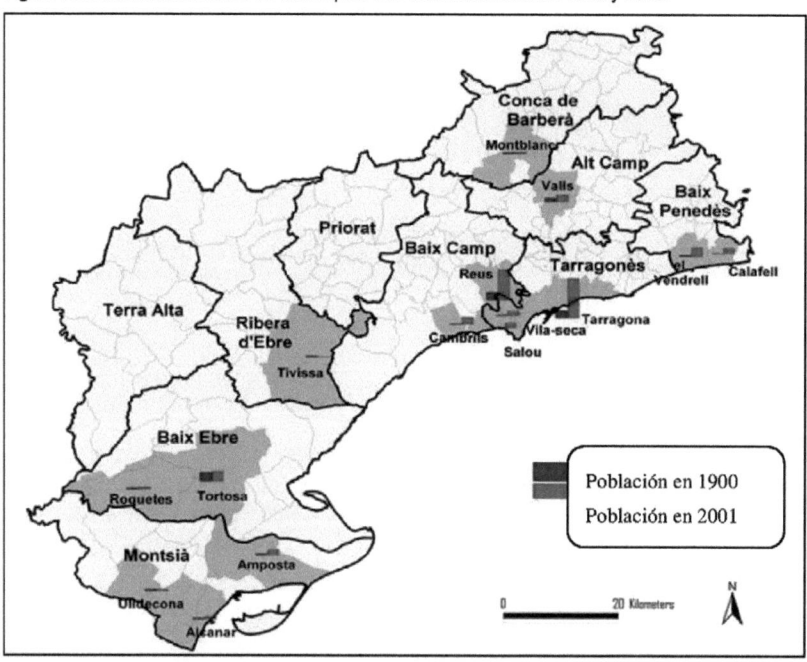

Fuente: Elaboración propia a partir de datos publicados por Idescat.

4. Evolución de los nacimientos y la fecundidad

Pese al papel relevante de las migraciones, el crecimiento de la población durante el siglo XX también se ha visto afectado por la evolución de la diferencia entre los nacimientos y las defunciones, es decir, por el crecimiento natural. En este contexto, la evolución de los nacimientos deja entrever la diferente evolución de la coyuntura histórica española con respecto al conjunto de Cataluña. El total de nacimientos en España, pero también en la provincia de Tarragona, en la primera década del siglo XX (1901-1910) es superior al existente en la primera década del siglo XXI (2001-2010), pasando de 6.721.989 a 4.415.701 en el primer caso, y de 88.918 a 65.996 en el segundo, respectivamente. Es decir, en un siglo, España ve disminuir su número de nacimientos de la década en más de 2 millones y Tarragona en más de 22 mil nacidos. Mientras la trayectoria en Cataluña es inversa: el número de nacidos entre 1901 y 1910 es de 542.823, por 747.380 en el periodo 2001-2010: la masiva inmigración llegada al área metropolitana de Barcelona, con el consiguiente incremento de la población en edad fértil pese a que la fecundidad (número medio de hijos por mujer) haya descendido de una manera significativa, es la explicación a este fenómeno.

Para evitar esta distorsión interpretativa causada por el aumento de la población, se debe utilizar en primer lugar la tasa bruta de natalidad (TBN), que divide el número de nacimientos por la población total. Este indicador muestra una tendencia descendente a grandes rasgos, anterior en Tarragona y el conjunto de Cataluña, y una trayectoria muy similar entre las tres zonas comparadas, con cuatro etapas bien diferenciadas (figura 4.1):

- Entre 1900 y hasta 1940 se produce un descenso continuo en la tasa de natalidad, partiendo de niveles significativamente más bajos en Cataluña y Tarragona (alrededor de 27‰) comparado con el conjunto de España (35‰).

- Entre 1940 y hasta 1980 el descenso es más leve en España, mientras que las TBN aumentan en Tarragona y Cataluña debido al alza en el número de nacimientos superior al crecimiento de la población en ese período. Las TBN de los tres territorios se equiparan a partir de mediados de los 60.

Figura 4.1: Tasas Brutas de Natalidad 1900-2005 (tasas por mil habitantes). España, Cataluña y Tarragona, 1901-1905 a 2001-2005.

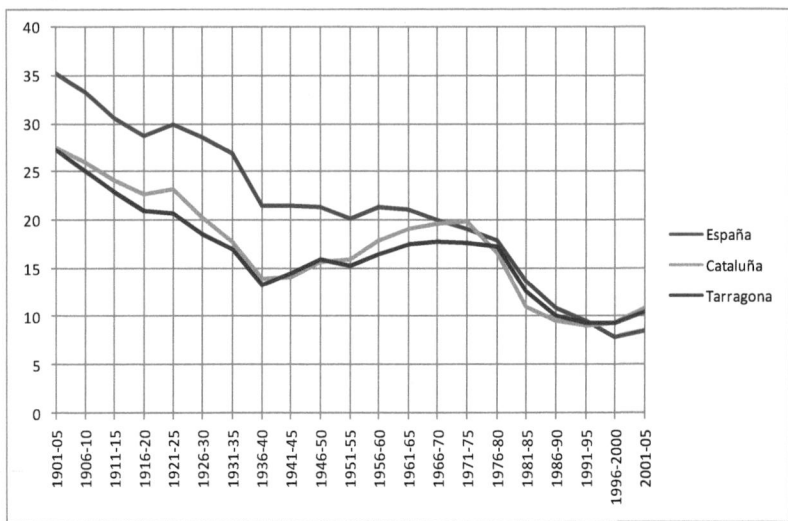

Fuente: Elaboración propia a partir de los datos publicados en la serie TEMPUS del INE.

• Entre 1980 y 2000 se da un descenso pronunciado de la tasa de natalidad. El número de nacimientos desciende de manera significativa en los tres territorios.

• Finalmente, entre 2000 y 2005 se da un aumento en la tasa de natalidad en los tres ámbitos, aunque más tardío y de menor magnitud en el conjunto de España. Este crecimiento se debe al aumento de los nacimientos producido por la llegada a edades fértiles de las generaciones voluminosas nacidas en los años 60 y 70 y, sobre todo, por la inmigración extranjera llegada desde finales del siglo XX, en edades mayoritariamente jóvenes y con pautas de fecundidad más elevadas que la de las españolas.

La evolución de la fecundidad –entendiéndose este indicador como el número de descendientes por mujer en edad fértil– es uno de los fenómenos demográficos que, junto con la mortalidad, destacan más en el siglo XX. El indicador que vamos a describir es el Índice Sintético de Fecundidad (ISF) o promedio de hijos por mujer calculado en función de las tasas de fecundidad por edad en un año dado (figura 4.2). Si bien en la década de 1901-10 en España los 6,7 millones de nacimientos significaban 4,7 hijos por mujer, los algo más de 4,4 millones de la década de 2001-10 habían rebajado ese promedio a 1,22 hijos por mujer. Similar trayectoria sucedía en Tarragona, donde los 3,23 hijos por mujer del período 1901-10 habían disminuido a 1,37 hijos por mujer un siglo después, y en el conjunto de Cataluña: de 3,51 a 1,37 hijos por mujer.

Si en las primeras décadas del siglo XX el descenso abismal de la fecundidad y de los nacimientos en Cataluña alarmaba a los demógrafos –en 1935, J. Vandellós[1] alertaba sobre la decadencia que podría tener Cataluña si seguía con una natalidad tan baja–, desde entonces, en España la investigación sobre la evolución de la fecundidad aumenta su rigor científico y adquiere cierto peso relativo. Tras una recuperación de la fecundidad (de casi un hijo por mujer en España, y de más de un hijo por mujer en Tarragona y Cataluña) entre 1950 y la década de los 1970, a partir de 1980 el descenso ha sido muy significativo, rozando niveles mínimos en la última década del siglo XX, siendo un poco superior a 1 hijo por mujer desde entonces. El pequeño aumento observado en las ISF a principios del siglo XXI, sin lugar a dudas, ha sido provocado básicamente por la inmigración extranjera, que ha jugado un papel muy importante en este último periodo, aunque los últimos datos referidos a los años 2009 y 2010 parece mostrar de nuevo un cierto descenso de la fecundidad debido al impacto de la crisis económica.

---

[1] Prólogo J. Nadal en la reedición de 1985 sobre la obra de J. Vandellós.

Figura 4.2: Índice Sintético de Fecundidad (número medio de hijos por mujer), España, Cataluña y Tarragona, 1900-2000.

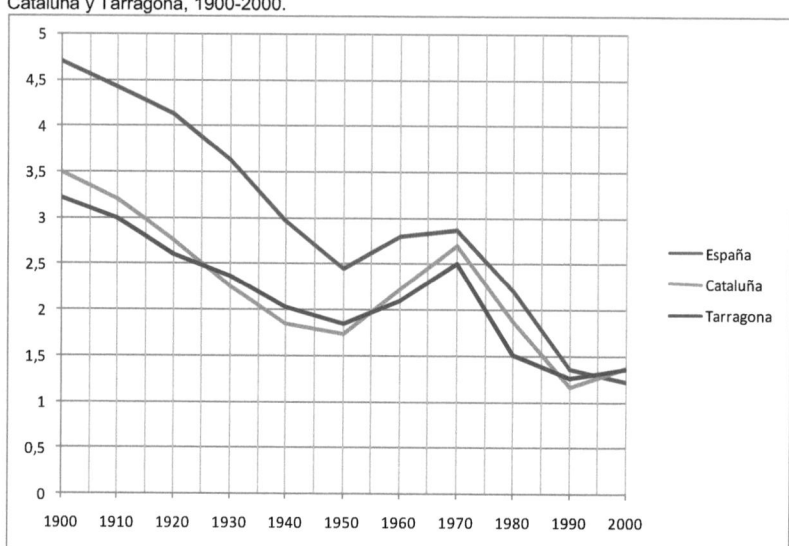

Fuente: Elaboración propia a partir de los datos publicados en la serie TEMPUS del INE.

5. La evolución de la mortalidad en la provincia de Tarragona

Las mejoras experimentadas por la mortalidad durante todo el siglo XX es uno de los progresos demográficos más importantes de la centuria, y en este proceso generalizado, la provincia de Tarragona tuvo un papel destacado. La tendencia aquí es claramente descendente. Prueba de ello se encuentra en la evolución del número de fallecidos y en la TBM, así como en el aumento de la esperanza de vida y en el descenso de la mortalidad infantil. a lo largo del siglo XX, salvo en los momentos puntuales de la gripe de 1918 y la Guerra Civil.

5.1. Evolución del número de defunciones

En términos generales, en el descenso de las defunciones se observan dos períodos (tabla 5.1):

Tabla 5.1: Evolución de las defunciones desde 1900 hasta 2008. España, Cataluña y Tarragona (números absolutos).

AÑO	España	Cataluña	Tarragona	AÑO	España	Cataluña	Tarragona
1900	536.716	51.562	8.225	1955	274.188	34.579	4.117
1901	517.575	49.702	8.250	1956	290.410	39.580	4.655
1902	488.289	45.714	6.734	1957	293.502	37.432	4.461
1903	470.387	45.094	6.787	1958	260.683	34.835	4.079
1904	486.889	44.421	6.597	1959	269.591	35.632	4.097
1905	491.369	47.944	7.145	1960	268.941	36.390	4.453
1906	499.018	46.904	6.990	1961	263.441	34.202	3.991
1907	472.007	44.106	6.746	1962	278.575	37.176	4.368
1908	460.946	43.981	6.322	1963	282.460	40.285	4.694
1909	466.748	47.122	6.760	1964	273.955	38.076	4.343
1910	456.158	43.208	6.157	1965	274.271	39.091	4.465
1911	460.895	44.859	6.915	1966	276.173	39.652	4.413
1912	426.297	41.685	5.937	1967	280.494	41.183	4.626
1913	449.349	44.859	6.068	1968	282.628	40.969	4.476
1914	450.340	46.701	6.628	1969	303.402	45.412	4.924
1915	452.479	44.106	6.255	1970	286.067	42.145	4.553
1916	441.673	42.580	5.804	1971	308.516	46.423	4.969
1917	465.722	46.644	6.249	1972	285.508	42.921	4.630
1918	695.758	66.435	9.108	1973	301.803	47.016	5.025
1919	482.752	48.258	6.253	1974	300.403	45.293	4.660
1920	494.540	49.308	6.542	1975	298.192	45.952	4.861
1921	455.469	42.930	5.799	1976	299.007	45.725	4.837
1922	441.330	45.502	5.801	1977	294.324	44.740	4.809
1923	449.683	46.377	6.045	1978	296.781	45.074	4.750
1924	430.590	44.115	5.713	1979	291.213	44.318	4.416
1925	432.400	43.436	5.538	1980	289.344	46.153	4.492
1926	420.838	41.611	5.460	1981	293.386	46.604	4.487
1927	419.816	41.490	5.322	1982	286.655	45.317	4.280
1928	413.002	40.267	4.956	1983	302.569	47.297	4.599
1929	407.486	43.052	5.134	1984	299.409	46.460	4.528
1930	394.488	38.587	4.843	1985	312.532	47.009	4.839
1931	408.977	43.109	5.615	1986	310.413	46.510	4.532
1932	388.895	41.121	5.438	1987	310.073	46.977	4.501
1933	394.678	39.654	5.042	1988	319.437	48.571	4.636
1934	388.825	38.870	4.911	1989	324.796	50.159	4.893
1935	384.567	40.120	5.389	1990	333.142	51.700	5.017
1936	413.579	41.095	5.733	1991	337.691	52.110	4.965
1937	472.134	48.348	6.845	1992	331.515	51.701	4.930
1938	484.940	73.771	10.842	1993	339.661	52.575	5.106
1939	470.114	57.176	7.288	1994	338.242	52.194	5.235
1940	424.888	40.000	5.384	1995	346.227	53.650	5.336
1941	484.367	40.541	5.399	1996	351.449	53.433	5.251
1942	384.702	40.701	4.971	1997	349.521	54.688	5.394
1943	349.046	34.239	4.507	1998	357.925	55.469	5.471
1944	345.712	37.807	4.566	1999	370.423	57.712	5.781
1945	327.045	34.854	4.269	2000	359.148	55.338	5.578
1946	353.371	35.215	4.492	2001	360.131	55.792	5.529
1947	330.341	36.065	4.441	2002	368.618	57.278	5.918
1948	305.310	32.807	4.140	2003	384.828	60.076	6.122
1949	321.541	36.671	4.585	2004	371.934	57.096	6.093
1950	305.934	34.984	4.379	2005	387.355	61.129	6.462
1951	327.236	40.408	4.699	2006	371.478	57.256	6.093
1952	276.735	33.834	4.098	2007	385.361	59.352	6.251
1953	278.522	34.250	4.795	2008	386.324	60.110	6.378
1954	264.668	32.640	4.022				

Fuente: Datos publicados en la serie TEMPUS del INE.

31

Durante la primera mitad de siglo hay una reducción en el número absoluto a la mitad, gracias a las mejoras en la lucha por la defensa de la salud y en contra de la mortalidad; en la segunda mitad de siglo se observa una estabilidad hasta, más o menos, la década de los 80 –en las cifras de Cataluña se produce un aumento desde el inicio de 1950-; y desde entonces hasta la actualidad se observa un ligero aumento del número de fallecimientos, causado, muy probablemente, tanto por el aumento de la población como por el envejecimiento de ésta.En efecto, el progresivo agotamiento de la mejora de salud en los niños y adultos concentra la mortalidad en las edades avanzadas, cuando las mejoras en la mortalidad repercuten muy poco en la mejora de la esperanza de vida y los avances en longevidad en esas edades son poco importantes, por lo que el aumento del número de ancianos se traduce finalmente en un incremento del número total de fallecidos.

Para visualizar mejor la evolución de las defunciones y poder comparar las tres zonas analizadas hemos calculado el índice base 100 en relación a las defunciones de 1900 (figura 5.1).

Figura 5.1: Evolución de las defunciones desde 1900-2008. España, Cataluña y Tarragona (números absolutos).

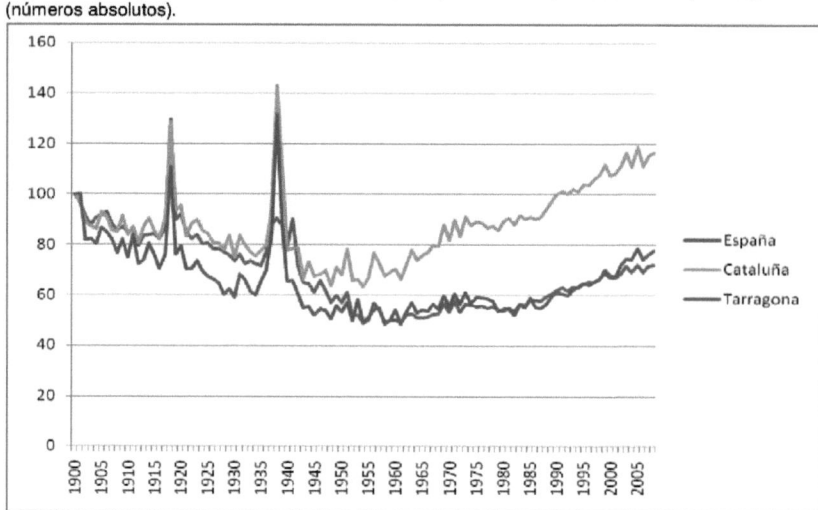

Fuente: Elaboración propia.

Los accidentes históricos de la gripe del 1918 y la Guerra Civil española (1936-39) en la primera mitad del siglo XX aumentan desproporcionadamente la tendencia descendente que experimentaba el número de fallecimientos desde principios de siglo. En Tarragona el descenso del número de fallecimientos durante la primera mitad del XX es relativamente mayor que en Cataluña y España, mientras que el incremento en la segunda mitad es bastante inferior al observado en Cataluña y similar al del conjunto de España, de manera que en 2008 el número de defunciones es todavía inferior al existente un siglo antes, pese a contar con una población mucho mayor.

Diferente es la tendencia observada en Cataluña, con un número de fallecidos casi un 20% superior al existente 100 antes: el aumento de la población, que se ha triplicado en un siglo, las migraciones y el envejecimiento de sus habitantes explican la causa de este aumento de defunciones en el conjunto de Cataluña, con un peso significativo de la provincia de Barcelona.

5.2. La tasa bruta de mortalidad

Dado que, como hemos observado en los párrafos anteriores, el número de fallecidos está en parte condicionado por el tamaño de la población, es útil –para eliminar este elemento distorsionador– utilizar un indicador como la *Tasa Bruta de Mortalidad* (TBM), que mide la relación entre el número de defunciones que se producen en una población en un periodo de tiempo determinado, y el tamaño de dicha población, tomándose habitualmente la población media de dicho periodo. Al comparar la evolución de las TBM debemos tener en cuenta, sin embargo, que dicho indicador (que utiliza en el denominador el total de habitantes) no tiene en cuenta las diferencias de estructura por edad de la población, fundamental para entender los cambios de mortalidad acaecidos, especialmente al comparar la mortalidad de principios de siglo –con alta población infantil- y lo que está ocurriendo actualmente, donde la mortalidad incide sobre un población marcada por el envejecimiento.

Las TBM (tabla 5.2 y figura 5.2) muestran una tendencia descendente con dos periodos bien diferenciados: hasta 1955-59, aproximadamente, se encuentran para España y Cataluña unas tasas por encima de 10‰ y a partir de ese período por debajo del 10‰; en Tarragona este cambio se experimenta hacia 1970. Estos dos grandes períodos (hasta 1960, aproximadamente, y a partir de entonces), muestran la línea divisoria entre el final de la transición demográfica y el comienzo de la fase post-transicional en cuanto a la mortalidad. Los bajos niveles alcanzados en la mortalidad se equiparan a los encontrados en la fecundidad (Gil-Alonso, 2005). En otras palabras, se culminaba a mediados de los años 70 del siglo XX el paso de un modelo demográfico antiguo caracterizado por una alta mortalidad de tipo catastrófico a un nuevo régimen caracterizado por el descenso de la mortalidad y un importante crecimiento de la población, la llamada transición demográfica (Gil-Alonso, Cabré, 1997).

Tabla 5.2: Tasas Brutas de Mortalidad 1900-2009 (tasas por mil habitantes).

TBM	ESPAÑA Hombres	ESPAÑA Mujeres	CATALUÑA Hombres	CATALUÑA Mujeres	TARRAGONA Hombres	TARRAGONA Mujeres
1900-04	25,53	24,49	24,86	22,56	22,36	20,75
1905-09	26,05	25,30	23,49	21,32	20,60	19,50
1910-14	23,13	21,24	21,74	19,48	19,08	17,94
1915-19	24,76	22,61	22,97	20,60	19,85	18,53
1920-24	21,81	19,50	19,84	17,39	17,58	16,21
1925-29	19,20	17,05	16,73	14,65	15,55	14,49
1930-34	17,11	15,34	15,25	13,41	15,35	14,39
1935-39	19,76	15,05	21,62	15,09	26,72	15,95
1940-44	17,05	13,47	15,15	11,06	16,92	12,22
1945-49	12,91	10,97	12,32	10,09	13,61	11,38
1950-54	10,65	9,67	10,88	9,83	12,65	11,94
1955-59	9,75	8,96	10,12	9,32	12,05	11,71
1960-64	9,20	8,31	9,29	8,44	11,72	11,30
1965-69	9,09	8,09	9,10	8,13	12,64	9,47
1970-74	9,01	8,05	8,74	7,91	10,92	10,13
1975-79	8,61	7,56	8,21	7,36	10,03	9,19
1980-84	8,28	7,20	8,32	7,24	9,16	8,06
1985-89	8,72	7,54	8,57	7,49	9,43	8,09
1990-94	9,28	7,87	9,30	7,90	9,67	8,41
1995-99	9,65	8,26	9,51	8,20	9,78	8,60
2000-04	9,49	8,33	9,10	8,20	9,40	8,39
2005-09	9,95	8,81	8,64	8,06	8,79	8,05

Fuente: Elaboración propia a partir de los datos publicados en la serie TEMPUS del INE.

La gripe de 1918 y, sobre todo, la Guerra Civil alteran, nuevamente, la tendencia descendente de las TBM durante todo el siglo XX. Especialmente significativa es el incremento de la mortalidad masculina en la provincia de Tarragona durante el conflicto bélico, debido al impacto de la Batalla del Ebro. De todas formas, el descenso de la TBM se acelera tras el final de la guerra y hasta 1950; a partir de entonces éste continua de una manera más ralentizada hasta más o menos 1980, cuando se inicia una tendencia ascendente debido al progresivo envejecimiento de la población.

Figura 5.2: Tasas Brutas de Mortalidad de España (E), Cataluña (C) y Tarragon (T), 1900-2009 (tasas por mil habitantes).

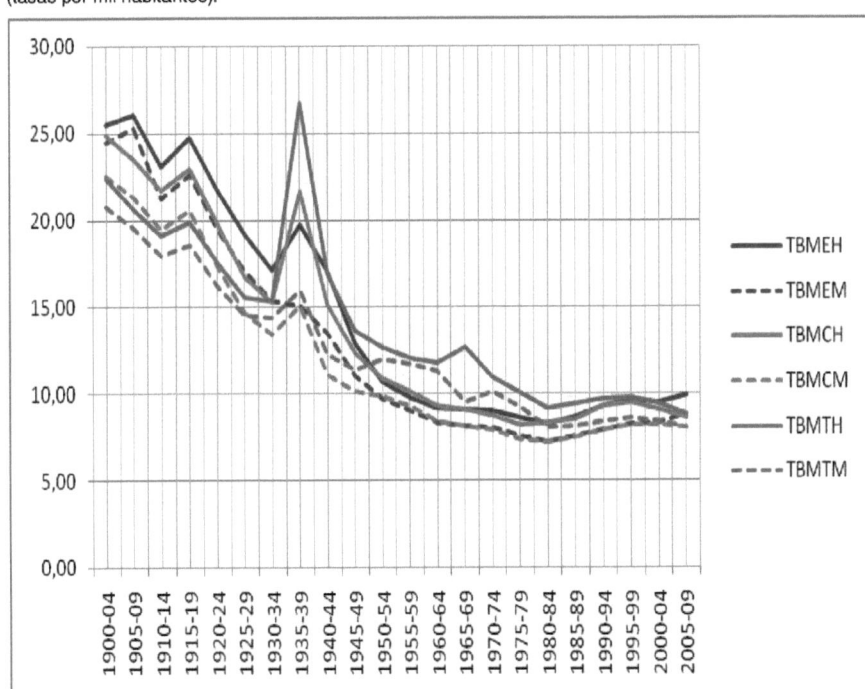

Nota: TBMEH significa Tasa Bruta de Mortalidad de España, Hombres, TBMEM: TMB de España, Mujeres, y así sucesivamente.

Fuente: Elaboración propia.

En la provincia de Tarragona este descenso tiene una cierta peculiaridad: por una parte, durante las cuatro primeras décadas del siglo XX se observa un descenso en las tasas brutas de mortalidad (TBM) por debajo de las de Cataluña y de España. Sin embargo, a partir de 1945 las TBM de Tarragona son superiores a las de los otros dos ámbitos. Las diferencias de estructura de edad pueden explicar estas diferencias.

Este descenso de la mortalidad influye, sin lugar a dudas, en el crecimiento de la población durante todo el siglo XX, pero su intervención no puede considerarse única.

De la misma manera, la evolución de la mortalidad puede explicar algunos de los cambios acaecidos en la estructura por edad de las poblaciones de Tarragona, Cataluña y España. Hasta ahora el análisis de la mortalidad ha sido muy a *grosso modo*. A partir de ahora analizamos el descenso de la mortalidad a través de sus componentes, es decir, teniendo en cuenta la edad y el sexo. Para ello, tras analizar el impacto de la mortalidad por edad, se dedicará una atención especial a dos indicadores clave: la mortalidad infantil y la esperanza de vida al nacer.

5.3. Características de la mortalidad por edad

A lo largo del siglo XX se ha producido una transformación en la estructura por edad de la población. Caracterizada por una reducción del peso relativo de los jóvenes y un aumento de las personas mayores y ancianas. En 1900, los menores de 15 años en España, Cataluña y Tarragona eran más del 30% de la población y los mayores de 65 años aproximadamente el 5%; mientras en el último censo de 2001 los menores de 15 años son menos del 15% de la población mientras que los mayores de 65 años son más del 14%, siendo en las mujeres casi un 20% de la población. Este proceso, denominado "envejecimiento de la población", se ha dado en paralelo con el alargamiento de la duración de la vida y con el retraso del momento del fallecimiento, como se refleja en la tabla 5.3, a lo largo del siglo XX y hasta principios del XXI. Así, si en 1900 más del 30% de los fallecidos en la provincia de Tarragona morían antes de cumplir cinco años, 110 años después representan menos del 1% de todas las muertes. Por el contrario, si sólo una cuarta parte de todos los muertos en 1900 eran mayores de 65 años, en 2010 más del 80% pertenecían a esta franja de edad.

Tabla 5.3: Proporción de fallecidos por grandes grupos de edad, Tarragona.

	1900	1960	1990	2010
menor 1 año edad	15,48	3,90	0,84	0,70
1-4 edad	15,43	1,05	0,32	0,12
5-18 edad	6,65	1,14	0,74	0,20
19-49 edad	20,44	6,84	7,32	5,52
50-64 edad	16,50	16,45	12,68	10,00
mayores de 65 edad	25,51	70,60	78,11	83,45
	100	100	100	100

Fuente: Elaboración propia a partir de datos del CED (para 1900 y 1960) y del INE (para 1990 y 2010).

En resumen, la evolución de la mortalidad por edad en la provincia de Tarragona se puede resumir en los siguientes tres puntos:

- un descenso irreversible e histórico de la mortalidad infantil –y en la infancia– claramente identificado en la primera mitad del siglo XX (compárense las proporciones de fallecidos menores de 5 años entre 1900 y 1960);

- un desplazamiento de la mortalidad cada vez a edades más avanzadas, presente desde finales de la etapa anterior hasta la actualidad; y

- unas puntas de elevada mortalidad identificadas como crisis de sobremortalidad, por causas históricas (la gripe de 1918, la Guerra Civil 1936-39) y, más recientemente, afectando a edades adultas (entre 19-49 años), especialmente en los hombres, cuyo mayor impacto se dio en las décadas de los 80 y 90 del siglo XX –véase en este caso el incremento de la proporción de muertos entre 19 y 49 años de edad entre 1960 y 1990– debido al incremento de fallecidos por causas relacionadas con hábitos irresponsables o insanos: tabaquismo, drogas, SIDA, accidentes de tráfico, suicidios, etc., y que analizaremos más profundamente en los capítulos posteriores.

Establecida la importancia del factor edad en el análisis de la mortalidad, se analizará a continuación dos indicadores que evidencian, en su evolución en el siglo XX, el paso de una situación en la que los fallecimientos se concentraban en las edades jóvenes a otra en la que lo hacen en las edades más avanzadas de la vida: la tasa de mortalidad infantil y la esperanza de vida.

5.4. La evolución de la mortalidad infantil

El descenso desproporcionado de la mortalidad infantil (es decir, en el primer año de vida) es el hecho definitorio y fundamental por excelencia de la evolución de la mortalidad en Tarragona, y por extensión en Cataluña y España, durante todo el siglo XX, si bien este proceso irreversible se inició en las provincias catalanas –y entre ellas Tarragona tuvo un papel precursor– antes de 1900 (Cabré, 1999).

La pérdida del perfil mediterráneo de mortalidad (que se caracterizaba por una elevada mortalidad infantil y hasta los 5 años de edad) como sugiere A. Cabré, es una de las características más importantes del descenso de la mortalidad que nos ocupa. España poseía unos niveles de sobremortalidad infantil muy elevados a principios del siglo XX en comparación con otros países europeos (Gómez Redondo y Boe, 2005). El clima, marcado principalmente por unos veranos muy calurosos y secos que junto con la falta de agua e higiene conlleva la deshidratación del niño, las afecciones gastrointestinales y la posterior muerte, no facilita el descenso de la mortalidad. Sin embargo, en Cataluña –y liderado por la provincia de Tarragona– la mortalidad infantil ya desciende a niveles por debajo del 100 niños menores de un año fallecidos por mil nacidos vivos en la década 1911-1920, mientras que, en comparación, este umbral no fue rebasado en el conjunto de España después de la Guerra Civil (figura 5.3).

En otras palabras, en el contexto de sobremortalidad infantil que se produce en España, Cataluña, y más específicamente Tarragona, muestran unos nivele de mortalidad en el primer año de vida mucho menores durante toda la primera mitad de siglo XX. Hasta 1960, Tarragona ha tenido siempre menos mortalidad infantil que Cataluña y que España (Gil-Alonso, 2005). De hecho, esta mortalidad infantil tan baja puede haber estado relacionada con la fecundidad también tan baja que encontramos también en Tarragona y Cataluña durante este período.

Figura 5.3: Evolución de la Tasa de Mortalidad Infantil por décadas, entre 1901 y 1974, en España, Cataluña y Tarragona

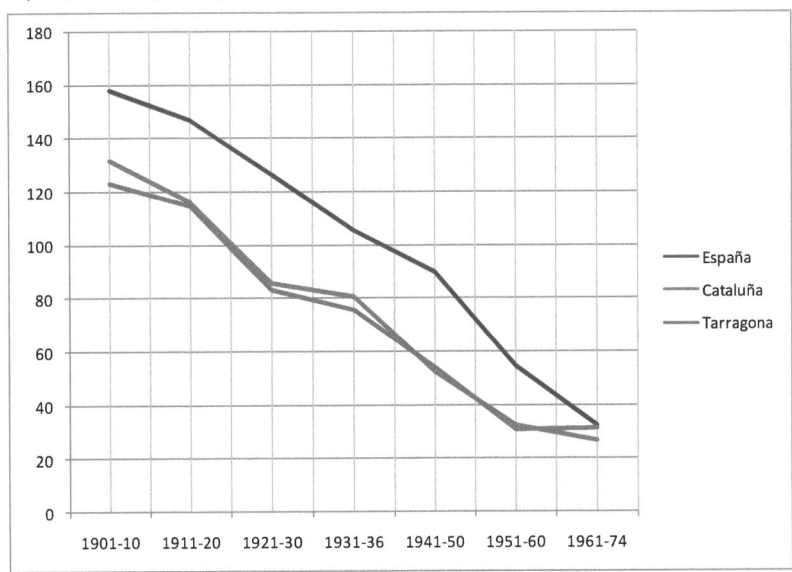

Fuente: Elaboración propia a partir de los datos proporcionados hasta 1936 por Cabré (1999) para España y Cataluña. Para las décadas 1941-50; 1951-60 y 1961-74 y para toda la provincia de Tarragona, según los datos publicados por la serie TEMPUS del INE.

A partir de 1975, los cambios acaecidos en el MNP marcan un hito en cuanto a la mejora de la calidad de la información. El concepto de nacimiento queda identificado con el biológico de "nacido con vida", con la correspondiente repercusión en el concepto de defunción. Por lo tanto, los datos anteriores a esta fecha subestiman el nivel real de mortalidad infantil ya que no se incluían ni los muertos al nacer ni los nacidos que fallecían antes de cumplir las veinticuatro primeras horas de existencia. Y por eso en este trabajo hemos preferido presentar de manera separada los datos de mortalidad infantil antes y después de dicha fecha.

El descenso de la mortalidad infantil a partir de 1975 (figura 5.4) se produce muy rápidamente hasta mediados de los 80. La Tasa de Mortalidad Infantil (TMI) ya está por debajo de 10 por mil nacidos vivos en Cataluña y en Tarragona desde 1981 y en España a partir de 1984. Luego el descenso continúa, aunque a menor ritmo, ya que cuando el nivel de mortalidad es muy bajo ya es más difícil reducirlo todavía más. Cataluña siempre presenta un nivel más bajo que el conjunto de España, mientras que la TMI de Tarragona fluctúa en forma de dientes de sierra debido al pequeño número de casos considerado.

Figura 5.4: Evolución Tasa de Mortalidad Infantil entre 1975 y 2008, en España, Cataluña y Tarragona.

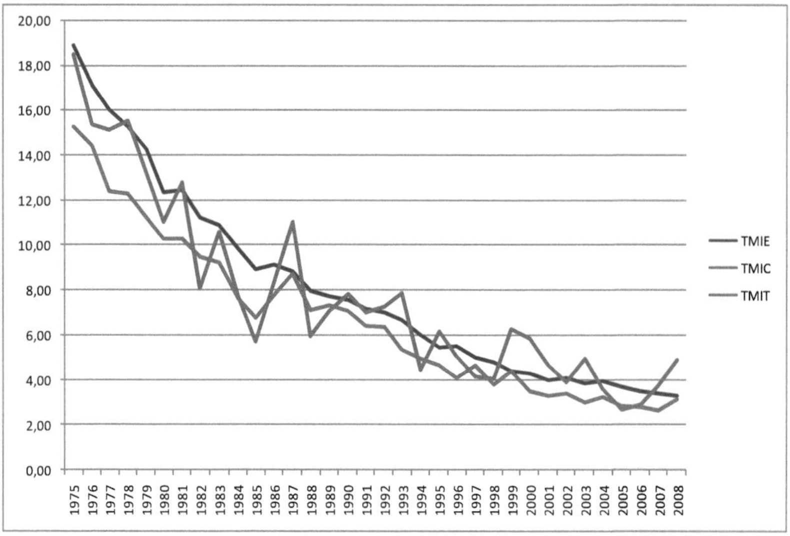

Fuente: Elaboración propia a partir de los datos publicados en la serie TEMPUS del INE.

En estos últimos años, la mejora de la mortalidad infantil afecta poco en el aumento de la esperanza de vida y tiene un impacto poco significativo en el descenso de la mortalidad ya que, como se ha dicho, las muertes de menores de un año representan un número cada vez más pequeño de fallecimientos. Por último, aparecen en Tarragona, a partir de 1981, unas puntas de fallecimientos muy pronunciadas en 1987, 1993, 1995, 1999, 2000, 2003 y 2008, sobre las que profundizaremos en los capítulos siguientes.

5.5. La esperanza de vida al nacer

El indicador sintético que resume muy adecuadamente la experiencia de mortalidad de una población en un momento dado es la esperanza de vida. La esperanza de vida al nacer (e_0) es el promedio de años que viviría un grupo de personas nacidas el mismo año si, a lo largo de su vida, experimentara las tasas de mortalidad de un momento dado. Es uno de los indicadores de mortalidad –y, por extensión, de morbilidad, salud, calidad de vida y desarrollo– más utilizado, sobre todo la esperanza de vida al nacer, aunque se puede calcular para cualquier edad. Aplicándolo a este estudio, podemos decir que la evolución de las expectativas de vida en Tarragona, Cataluña y España ha seguido fases muy semejantes de aceleración, estancamiento y crisis. En general, las mejoras globales en las condiciones de vida de la población han afectado en las mejoras en la salud y en el descenso de la mortalidad en los tres ámbitos.

a) Evolución de la esperanza de vida en el siglo XX

El descenso de la mortalidad que se ha descrito en las páginas anteriores tiene su correlato en el aumento de la esperanza de vida entre 1900 y 2005 (tabla 5.4 y figura 5.5). Para Tarragona provincia el aumento es de 40,5 años, para Cataluña es de 44,2 años y para el España es de 46,5 años (Gonzalvo, 2011). La menor ganancia de años en Tarragona con respecto a Cataluña y a España se entiende por la alta esperanza de vida que ostentaba la provincia, tanto en un sexo como en otro, a principios del siglo XX. Comparable a la de países más desarrollados de Europa.

Tabla 5.4: Esperanza de vida al nacer. España, Cataluña y Tarragona, 1900-2005

e0	España	Cataluña	Tarragona
1900	33,8	36,3	39,5
1910	40,6	42,4	47,4
1920	42,0	45,0	49,0
1930	49,9	53,8	57,8
1940	49,3	56,3	55,9
1950	61,5	63,0	63,1
1960	69,4	70,2	70,0
1970	72,5	72,7	72,3
1980	74,5	76,5	76,0
1990	77,7	77,7	77,1
1999	79,0	79,2	79,0
2005	80,3	80,5	80,0

Fuente: Elaboración propia a partir de los datos recogidos en el MNP, estimaciones intercensales y proyecciones de población del INE.

Figura 5.5: Esperanza de vida al nacer en España, Cataluña y Tarragona, 1900-2005.

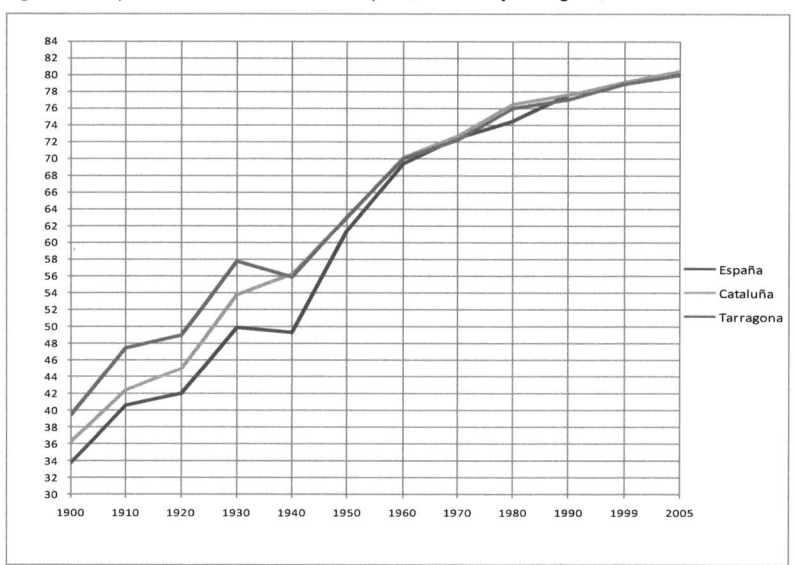

Fuente: Elaboración propia a partir de los datos recogidos en el MNP, estimaciones intercensales y proyecciones de población del INE.

Si nos fijamos en la evolución de la esperanza de vida al nacer desde 1900, durante la primera mitad del siglo XX el fuerte crecimiento de este indicador se vio mermado en 1920 y, sobre todo, en 1940 a consecuencia de la gripe de 1918 y de la Guerra Civil, respectivamente. Una vez superado este último obstáculo, la e_0 continuó creciendo fuertemente en las décadas de 1940 y 1950 para situarse por encima de los 60 años de vida media en 1950, y cerca de los 70 años en 1960. Este cambio significó la eliminación del perfil de mortalidad típicamente mediterránea afectado por la estacionalidad climática (Gonzalvo, 1996) y la incidencia asociada de las enfermedades gastrointestinales que caracterizaba la mortalidad infantil en la España anterior a la segunda mitad del siglo XX. A partir de los años 60 la esperanza de vida continúa aumentando –se sitúa en 1970 por encima de los 72 años (tabla 5.8)– pero ya a un ritmo menor (unos dos años cada década, en promedio), puesto que la mortalidad comienza a centrarse en las edades más avanzadas a causa de la incidencia de las enfermedades crónicas y degenerativas, por lo que el número de años de vida ganados al combatir dichas causas de muerte es cada vez menor.

Los cambios en la esperanza de vida (figura 5.5) en Tarragona entre 1900 y el año 2005 esconden además, no sólo unas marcadas diferencias geográficas, socioeconómicas y poblacionales en su interior, sino también, un crecimiento diferencial durante todo el siglo respecto a Cataluña y España.

b) Diferencias entre Tarragona, Cataluña y España: incremento decenal de la e_0

En grandes líneas, la provincia de Tarragona goza de una muy buena esperanza de vida hasta aproximadamente la Guerra Civil en comparación con Cataluña y con España. Sin lugar a dudas la gripe de 1918 afecta con fuerza en Tarragona, pero todavía encontramos niveles más elevados de e_0 que en Cataluña y en España. La Guerra Civil, con especial impacto en los hombres, hace descender en 5 años la expectativa de vida que encontrábamos en 1930. A partir de 1940 se iguala con la de Cataluña, siendo superior a la española hasta 1970, cuando se igualan las tres zonas comparadas. Desde 1970 y hasta 1990 Tarragona tiene una esperanza de vida por debajo de la catalana y a partir de 1990 la esperanza de vida de Tarragona está ligeramente por debajo de la española y de la de Cataluña. No es parte de esta publicación pero habría que ir analizando las causas de este descenso.

Figura 5.6: Crecimiento en años de la esperanza de vida al nacer, década a década, España, Cataluña y Tarragona, 1901-2005

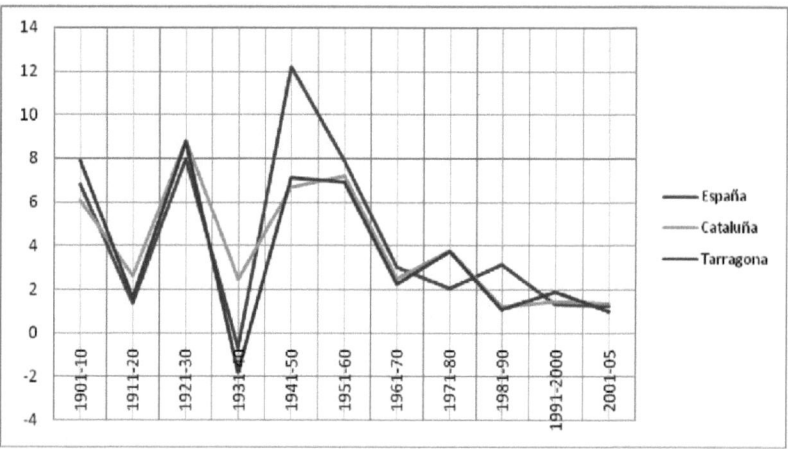

Fuente: Elaboración propia.

Tabla 5.5: Crecimiento en años de la esperanza de vida al nacer, década a década, España, Cataluña y Tarragona, 1901-2005

Años crecimiento	España	Cataluña	Tarragona
1901-1910	6,8	6,1	7,9
1911-1920	1,4	2,6	1,6
1921-1930	7,97	8,83	8,77
1931-1940	-0,67	2,47	-1,81
1941-1950	12,2	6,7	7,14
1951-1960	7,9	7,2	6,9
1961-1970	3,05	2,5	2,27
1971-1980	2,05	3,8	3,73
1981-1990	3,15	1,2	1,1
1991-2000	1,35	1,45	1,9
2001-2005	1,28	1,36	1

Fuente: Elaboración propia.

44

La figura 5.6 y la tabla 5.5 muestra que la provincia gana esperanza de vida en cada década, menos en la de 1931-1940 (impacto de la Guerra Civil), en que ésta disminuye unos dos años. El incremento en las restantes décadas es, sin embargo, muy desigual: ocho años entre 1901 y 1910 y entre 1921 y 1930, así como siete años por década entre 1941 y 1960. Por el contrario, sólo aumenta dos años entre 1911 y 1920 (consecuencia, sin duda, del impacto de la gripe de 1918), así como entre 1961 y 1970, y entre 1991 y 2000. La década de 1981-1990 también se caracteriza por un menor incremento, de sólo un año, probablemente como consecuencia del impacto de la mortalidad por sida y por accidentes de tráficos sobre los jóvenes (tabla 5.10).

Este aumento decenal de la e_0 en la provincia de Tarragona es muy similar al de Cataluña y parecido al del conjunto de España, siendo la única excepción verdaderamente significativa el mayor incremento de este indicador en el conjunto del Estado durante la década 1941-1950 (aumento de la e_0 de nada menos que 12 años) debido a que España partía de una esperanza de vida al nacer mucho menor a causa de un mayor impacto diferencial de las enfermedades infecciosas sobre la mortalidad infantil, y la difusión de la penicilina y otros medicamentos a partir de 1940 que hizo que esta causa de muerte redujera rápidamente su importancia.

Tabla 5.6: Diferencias de esperanza de vida al nacer entre Tarragona y Cataluña y España

Diferencia	Tarragona vs Cataluña	Tarragona vs España
1900	3,2	5,7
1910	5,0	6,8
1920	4,0	7,0
1930	4,0	7,9
1940	-0,4	6,6
1950	0,1	1,6
1960	-0,2	0,6
1970	-0,4	-0,2
1980	-0,5	1,5
1990	-0,6	-0,6
1999	-0,2	0,0
2005	-0,5	-0,3

Fuente: Elaboración propia.

Figura 5.7: Diferencias de esperanza de vida al nacer entre Tarragona y Cataluña y España

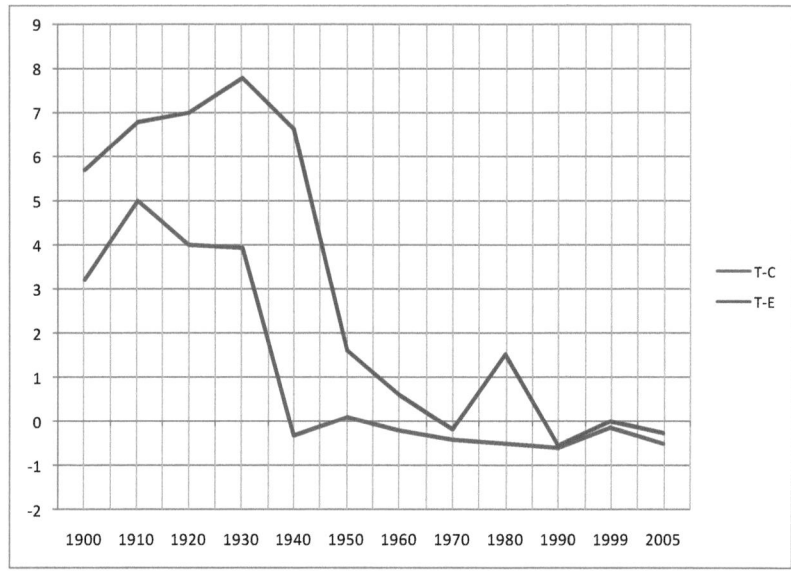

Fuente: Elaboración propia a partir de los datos recogidos en el MNP, estimaciones intercensales y proyecciones de población del INE. Nota: T-C: diferencia entre la esperanza de vida de Tarragona y la de Cataluña; T-E: diferencia entre la esperanza de vida de Tarragona y la de España.

Debido a esta gran progresión de la e_o española respecto a la de Tarragona, ésta, que era casi ocho años superior a la de España en 1930, sólo la supera en 1,6 años en 1950 (tabla 5.6 y figura 5.7). Por otra parte, el impacto de la guerra hace que la e_o de Tarragona, que era 4 años superior a la de Cataluña hasta 1930, se sitúe por debajo de ésta desde 1940 y, de manera definitiva, desde 1960 hasta nuestros días.

La figura 5.7 también permite apreciar un pico de sobremortalidad, debido probablemente al aumento de los accidentes de tráfico entre los jóvenes, que afectó mucho más al conjunto de España que a la provincia de Tarragona (1,5 años de e_o más en ésta que en aquélla en 1980), pero a nuestra provincia más que a Cataluña (0,5 años menos de esperanza de vida en Tarragona que en la Comunidad Autónoma). De hecho, a partir de 1990 Tarragona tiene, como ya se ha dicho, una esperanza de vida al nacer más baja, no sólo que Cataluña, sino que el conjunto del Estado. Respecto a esta evolución de Tarragona en las últimas décadas, no se puede extraer ninguna conclusión a partir del análisis conjunto de ambos sexos. Veamos que nos aclara la evolución de ambos sexos por separado.

c) Evolución diferencial de la e_0 por sexos

Los factores responsables del descenso secular de la mortalidad en Tarragona en el siglo XX han afectado de manera similar a ambos sexos, aunque el impacto de algunas de las grandes crisis de mortalidad ha incidido de manera diferencial sobre hombres y mujeres (por ejemplo, la Guerra Civil afectó más a los hombres, por razones obvias). En general, las tendencias a largo plazo entre los sexos son similares, existiendo algunas diferencias en el medio y corto plazo.

Tabla 5.7: Esperanza de vida al nacer por sexo. España, Cataluña y Tarragona, 1900-2005.

HOMBRES	España H	Cataluña H	Tarragona H	MUJERES	España M	Cataluña M	Tarragona M
1900	33,75	36,3	38,5	1900	35,11	38	40,5
1910	40,61	42,4	45,95	1910	42,29	44,9	48,9
1920	39,39	43,2	46,2	1920	42,12	46,6	51,8
1930	48,93	52	55,64	1930	52,96	55,4	59,9
1940	45,81	51,2	50,9	1940	53,66	60,2	60,96
1950	59,07	62	58	1950	64,72	67	68,2
1960	66,78	67,63	67,12	1960	71,81	71,83	71,2
1970	69,36	69,68	69,41	1970	74,91	74,53	74,01
1980	72,39	74,55	72,96	1980	78,52	78,74	78,2
1990	73,4	73,80	73,88	1990	80,44	80,66	80,3
2000	75,89	76,18	76,15	2000	82,74	83,01	82,53
2005	77	77,28	77,03	2005	83,6	83,79	83,15

Fuente: Elaboración propia a partir de los datos recogidos en el MNP, estimaciones intercensales y proyecciones de población del INE.

Si en el año 1900 la mortalidad española reducía la esperanza de vida al nacer a unos 33,8 años para los hombres y 35,1 para las mujeres –con niveles para ambos sexos inferiores en 15 años a la media de los países de Europa Occidental–, en 2005 la esperanza de vida se situaba en 77 para los hombres y de 83,6 para las mujeres (tabla 5.7), destacando entre las más altas de la Unión Europea, donde la esperanza de vida promedio era a finales del siglo XX de 74,6 para los hombres y 80,9 para las mujeres (Cabré, Domingo, Menacho, 2002).

En Cataluña la diferencia alcanzada entre los sexos es similar: si en 1900 los hombres nacían con una esperanza de vida de 36,3 años y las mujeres de 38 años, los hombres habían alcanzado una e_0 de 77,3 años y las mujeres de 83,8 años en 2005. En la misma línea, la esperanza de vida al nacer en Tarragona en los hombres pasaba de 38,5 a 77 años y para las mujeres de 40,5 años a 83,15 años (tabla 5.7). Por lo tanto, la mejor mortalidad femenina es una constante a lo largo de todo el período analizado, durante el cual se ha mantenido e incrementado la ventaja en la e_0 a favor de las mujeres, de tal forma que a principios del siglo XXI la distancia es de casi 7 años tanto en España, Cataluña y Tarragona.

¿Qué factores explican esta sobremortalidad masculina? Si bien los factores higiénicos, ecológicos, ligados a la alimentación y al clima, que eran los más determinantes durante la primera mitad de siglo, afectaban por igual a ambos sexos, ya en esta época se daba una situación de mortalidad ventajosa para las mujeres. Pero esto se acentúa durante la segunda mitad del XX, periodo en el que los factores que explican el aumento de la esperanza de vida están más ligados a los hábitos personales y son claramente diferenciales del género: tabaquismo, suicidios, droga, accidentes (laborales y de circulación), sida... afectan más a los hombres y esto explica las diferencias en la esperanza de vida por sexos, que sólo en los últimos años parecen empezar a recortarse al igualarse las formas de vida de hombres y mujeres.

Un último hecho a destacar en este análisis por sexo (y que se puede observar en la figura 5.8, que muestra la evolución de la diferencia de esperanza de vida al nacer entre Tarragona y Cataluña, y entre Tarragona y España, para hombres y mujeres separadamente) es que, si bien hasta la Guerra Civil la e_0 de Tarragona era superior a la de los otros dos ámbitos tanto para hombres (casi 7 años más que en España en 1930, y casi 4 más que en Cataluña en la misma fecha) como para mujeres (7 años y 4,5 años, respectivamente), desde 1940, en los hombres (salvo en 1990) la esperanza de vida al nacer en Tarragona ha estado siempre está por debajo de la del conjunto de Cataluña, aunque por encima de la de España. En cambio, para las mujeres, la esperanza de vida al nacer siempre está por debajo de Cataluña y de España desde 1950. Realmente se trata de diferencias muy pequeñas, del orden de medio año en 2005 en las mujeres y todavía inferiores en los hombres (respecto a Cataluña), pero resulta altamente significativo, teniendo en cuenta que Tarragona partió de una situación de esperanza de vida al nacer muchísimo mejor que los otros dos territorios.

Figura 5.8: Diferencias de esperanza de vida al nacer, masculina y femenina entre Tarragona y Cataluña y España.

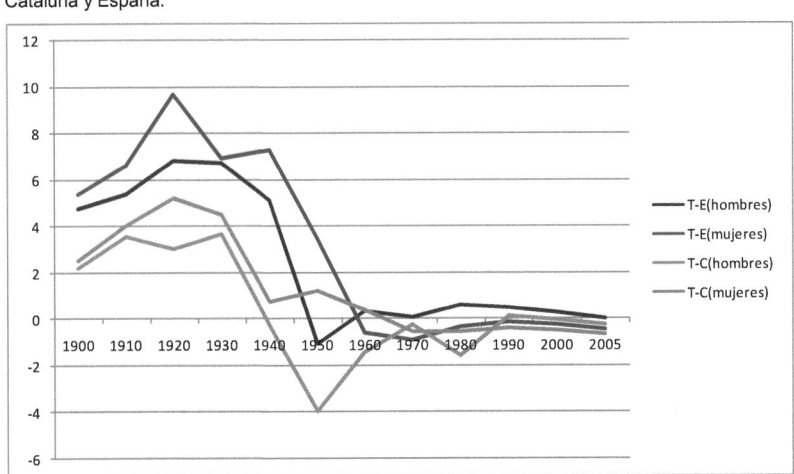

Fuente: Elaboración propia a partir de los datos recogidos en el MNP, estimaciones intercensales y proyecciones de población del INE. Nota: T-C: diferencia entre la esperanza de vida de Tarragona y la de Cataluña; T-E: diferencia entre la esperanza de vida de Tarragona y la de España.

d) Factores que han incidido en la evolución de la esperanza de vida al nacer

Tanto en Tarragona como en Cataluña y España, se puede distinguir dos periodos de incremento de la esperanza de vida al nacer muy diferenciados: hasta 1960 y desde esa fecha hasta la actualidad. En la primera etapa el incremento es muy rápido (salvo las crisis demográficas ya reseñadas)

mientras que en la segunda la ganancia de años de vida continúa, pero a un ritmo mucho menor.

En la primera etapa, las ganancias han sido sobre todo por la reducción de la mortalidad en la infancia a causa de la disminución de las enfermedades infecciosas. Si bien hasta el estallido de la Guerra Civil la mejora de las pautas higiénicas de la población y de las infraestructuras higiénico-sanitarias, la mejora del nivel y la calidad de vida, la implantación de ideas de los higienistas, así como ciertos factores ambientales, habían influido claramente en la mejora del estado de salud de la población, en el período entre 1941-60 se debe atribuir al factor médico principalmente el aumento de la esperanza de vida al nacer, con un papel destacado de la difusión de la penicilina y otros antibióticos y medicinas que redujeron en gran medida la mortalidad infantil por causas infecciosas (Gonzalvo, 2011).

A partir de 1960, con el inicio de la segunda etapa, la esperanza de vida ya no obtendrá avances superiores a 4 años en periodos intercensales (cada diez años). El crecimiento cuantitativo –en años de vida– da paso a la mejora cualitativa, en calidad de vida, en un contexto de incremento en el gasto público sanitario y en las políticas en salud pública, y en el que juegan un papel clave los medios de comunicación, como instrumento para que la población se sensibilice y tome medias personales de mejora de hábitos (de salud, de vida, etc.) que a su vez conduzcan a un descenso de la mortalidad y aumento de la esperanza de vida.

A comienzos de los años 70, tras el relativo estancamiento ocurrido en la década anterior, aparece un nuevo crecimiento de la esperanza de vida protagonizada por la población de mayores de 60 años y por la menor incidencia de algunas enfermedades crónico-degenerativas muy frecuentes, especialmente las cerebro-vasculares en las mujeres. Desde mediados de los años 80 tiene lugar, sin embargo, un significativo aumento de la mortalidad de los jóvenes, de mayor intensidad y aparición más temprana en los hombres, producido principalmente por una serie de "modernas epidemias" (Gonzalvo,

2011): los accidentes de tráfico, el SIDA, los suicidios y un grupo de mortalidad inespecífica, que han contribuido de manera significativa al aumento de la mortalidad de dichos grupos de edad. Este aumento de la mortalidad de los jóvenes es el responsable de la reducción relativa de las ganancias en e_0 que se ha detectado en las últimas décadas del siglo XX y del que parece que estamos saliendo en el siglo XXI.

6. CONCLUSIONES

La necesidad de la ciencia demográfica en la geografía de la población requiere cada vez de la utilización de unos conceptos e indicadores básicos y claros. Sólo la generalización y la comprensión de estos elementos a varias escalas: académicas, en los distintos medios de comunicación, a nivel usuario pueden llevar a un rigor en la interpretación y en las conclusiones; generando avances entre distintas disciplinas: salud, economía, sociología, política...

El resumen posterior acuña los conceptos e indicadores básicos utilizados para la geografía de la población en la provincia de Tarragona (España) durante todo el siglo XX y primera década del XXI:

En efecto, el descenso de la mortalidad constituye uno de los aspectos primordiales de la dinámica demográfica del siglo XX. Según palabras de A. Cabré en una de sus conferencias en 2007: "la evolución demográfica de España durante el siglo XX ha estado notablemente marcada por el descenso irreversible de la mortalidad". El aumento de la población en el siglo XX es muy significativo por el extraordinario aumento de la esperanza de vida, incluso más que por el descenso de la fecundidad (Cabré, Domingo, Menacho, 2002).

Mientras la transición de la mortalidad en algunos países de Europa se produjo a lo largo de varios siglos, en España ocurrió prácticamente en el transcurso del siglo XX, al aumentar 42 años la vida media de los hombres y 47 años la de las mujeres (Schofield, Reher y Bideau, 1991). En Cataluña, en concreto, un hombre que nace en 1900 tiene una vida media de 33 años, mientras que uno que nace en 1999 tiene una esperanza de vida de 76,07 años; para la mujer el crecimiento es de 44,2 entre las dos fechas. La misma evolución positiva sucede en Tarragona: el aumento de la vida media es de 38,57 años para los hombres y de 41,03 años para las mujeres, es decir, una ganancia algo menor a la de los otros territorios al partir de una mejor situación en 1900.

De todas formas esta evolución tan positiva no ha sido lineal, ni recaído en las mismas edades y por igual en los dos sexos. Las ganancias de años se han producido a diferentes ritmos e intensidades en función de las etapas históricas que se han vivido y del proceso de modernización social, cultural, sanitario y económico. En este contexto, la esperanza de vida en Tarragona ha sido durante casi toda la primera mitad del siglo XX la más alta de todas las provincias españolas.

Sin lugar a dudas, Cataluña junto con Baleares sigue manteniendo el lugar pionero en el comienzo de la transición demográfica española (Vidal Bendito, 1992). La transición de la mortalidad también tiene como primeras protagonistas estas dos zonas españolas. Tarragona ocupa la primera posición, el puesto líder dentro de Cataluña, tanto en lo referido al calendario de descenso de la fecundidad (Gil Alonso, 2005) como para la mortalidad (Gonzalvo, 2011). Pero, ¿qué es lo que hizo que el descenso de la mortalidad de la provincia de Tarragona fuera pionero en Cataluña y en toda España? ¿Cuál ha sido su evolución durante todo el siglo XX? y ¿cuáles son los niveles alcanzados actualmente y los factores que determinan tal evolución? Son preguntas que nos hacemos y donde otras ciencias pueden contestar, siempre y cuando haya una coherente y real descripción de la Geografía de la Población.

BIBLIOGRAFIA REFERENCIADA

CABRÉ, A. (1999). *El sistema català de reproducció*, Barcelona, Proa.

CABRÉ, A. y DOMINGO, A. (2007). "Demografia i immigració, 1991-2005", en *Economia catalana: reptes de futur.* Barcelona: BBVA, Departament d'Economia i Finances de la Generalitat de Catalunya, pp. 105-126.

CABRÉ, A., DOMINGO, A., MENACHO, T (2002). "Demografía y crecimiento de la población española en el siglo XX", en Pimentel, M. (Coord) Procesos migratorios, economía y personas, Colección Estudios Socioeconómicos, n° 1, Instituto Cajamar.

CABRÉ, A., PUJADAS, I. (1986). "Caída de la fecundidad y evolución demográfica en Cataluña". En A. OLANO (Coord.) *Tendencias demográficas y planificación económica.* (pp. 153-175). Madrid, Ministerio de Economía y Hacienda.

GIL ALONSO, F. (2005). *El descenso histórico de la fecundidad matrimonial. Análisis territorial retrospectivo a partir de los censos de 1920, 1930 y 1940.* Tesis doctoral, Departament de Geografia, Universitat Autònoma de Barcelona.

GIL ALONSO, F. (2007). "Women who controlled their fertility and women who did not: An analysis of women's fertility behaviour in late 19th and early 20th Century Spain". En A. Janssens (ed.) *Gendering the Fertility Decline in the Western World,* Peter Lang Publishers, Berna, pp. 85-112.

GIL ALONSO, F. y CABRÉ, A. (1997), "El crecimiento natural de la población española y sus determinantes" en R. Puyol (ed.). *Dinámica de la población en España.* Madrid, Síntesis.

GÓMEZ REDONDO, R. y BOE, C. (2005). "Decomposition analysis of Spanish life expectancy at birth: Evolution and changes in the components by sex and age", en *Demographic Research*, Vol 13, Art 20, pp. 521-546.

GONZALVO CIRAC, M. (1996). "La mortalitat infantil en Catalunya 1900-1950", *Gimbernat: revista catalana d'història de la medicina i de la ciència,* Vol: 21.

GONZALVO CIRAC, M. (2011*). Las mujeres vivimos más. Concepto de salud y mortalidad diferenciada,* ISBN: 978-3-8465-7223-8, EAE: Alemania.

GOZALVEZ, V. (1998). Notas sobre el valos educativo de la geografía de la población. Conferencia de clausura de las IV Jornadas de Didáctica de la Geografía "Educación y Geografía", Universidad de Alicante.

MATTHEWS, S.A y PARKER, D.M., (2013). Progress in Spatial Demography, Demographic research, vol. 28 (10) pp. 271-312.

MALTHUS, R. (1798). *Essay on the Principle of Population* / (ed. 1951) *Ensayo sobre el principio de la población*, México D.F: Fondo de Cultura Económica.

OLIVERAS, J. (1989). "Urbanización y turismo en la zona costero catalana" en IX Congreso Nacional de Geografía, Madrid.

PUJADAS, I. (1982). *La població de Cataluña: Anàlisi espacial de les interrelacions entre els moviments migratoris i les estructures demogràfiques.* Tesis doctoral, Facultat de Geografia i Història de la Universitat de Barcelona.

PUYOL ANTOLÍN, R. (2001). "La población española y europea en el final del siglo XX", en VV.AA. *Las claves demográficas del futuro de España*, Colección Veintiuno, Fundación Cánovas del Castillo, Madrid, pp. 19-31.

RECASENS, J.M. (1998). Historia de Tarragona, en *Història de Cataluña*, obra dirigida por P. Villar. Barcelona.

RECOLONS (1976). *La població de Cataluña. Distribució territorial i evolució demogràfica 1900-1970.* Barcelona.

ROQUER, S. (1987). Procés d'industrialització i creixement demogràfic a la conurbació de Tarragona (1958-1979), en Les ciutats petites i mitjanes de Cataluña: evolució recent i problemàtica actual, Institut Cartogràfic de Cataluña, Barcelona.

SCHOFIELD, R., REHER, D. S. y BIDEAU, A. (1991). *Medicine and the Decline of Mortality.* Oxford, Oxford University Press.

VANDELLOS, J. A. (1985). *Catalunya, poble decadent*, Barcelona, Biblioteca Catalana d'autors Independents. (Original en 1935)

VIDAL, T. (1992). La Geografía de la población en España. (entidad actual y desarrollo reciente, en La geografía en España(1970-1990) aportación española al XXVII Congreso de la Unión Geográfica Internacional.Washington 1992 / coord. por Joaquín Bosque Maurel, 1992, pp. 129-138.

INDICE

INDICE FIGURAS

INDICE TABLAS

Myocardial ischemia, be it silent or asymptomatic, is defined as an objective documentation of myocardial ischemia, in the absence of angina or its equivalents. Among the subjects who can be asymptomatic coronary heart disease carriers, athletes also come into this category, i.e. individuals who regularly practice and compete in sports events at highly competitive athletic levels. Most of the patients with silent myocardial ischemia due to coronary artery disease are athletes.Silent myocardial ischemia is not the same as silent coronary artery disease. Symptomatic angina is the tip of the ischemic iceberg and in athletes is smaller than non -athletes. Athletes are normally considered individuals in good if not great health, thus when one of them is struck by sudden death, it creates uproar and consternation. However, just as what happens among the population on a whole, athletes can harbour unrecognized cardiac.For this reason the preparticipation screening program of athletes has the goal of of the early identification of previously unsuspected cardiovascular disease in the hope that these strategies will reduce the incidence of sudden cardiac death.

Man,born in Cesena, Italy,in 1953. General Practitioner and Internal General Medicine of Department of Primary Care. Sports Cardiology Medicine Center in Cesena. Degree in Medicine and Surgery at University of Bologna; Specialty in Internal Medicine; Specialty in Sports Medicine and Healthy Pshycology Graduate.International Researcher and Reviewer.

978-3-659-67480-8